Moses Harris, William Schaus

An Exposition of English Insects

With Curious Observations and Remarks

Moses Harris, William Schaus

An Exposition of English Insects
With Curious Observations and Remarks

ISBN/EAN: 9783743477926

Manufactured in Europe, USA, Canada, Australia, Japa

Cover: Foto ©berggeist007 / pixelio.de

Manufactured and distributed by brebook publishing software
(www.brebook.com)

Moses Harris, William Schaus

An Exposition of English Insects

A N

EXPOSITION

O F

ENGLISH INSECTS,

WITH

CURIOUS OBSERVATIONS and REMARKS,

WHEREIN

EACH INSECT IS PARTICULARLY DESCRIBED; ITS PARTS AND PROPERTIES CONSIDERED; THE DIFFERENT SEXES DISTINGUISHED, AND THE NATURAL HISTORY FAITHFULLY RELATED.

THE WHOLE ILLUSTRATED WITH COPPER PLATES, DRAWN, ENGRAVED, AND COLOURED,

BY THE AUTHOR,

M O S E S   H A R R I S.

Read nature; nature is a friend to truth;
Nature is Christian; preaches to mankind;
And bids dead matter aid us in our creed.
YOUNG, *Night* 4. p. 73

L O N D O N:
PRINTED FOR THE AUTHOR.
And Sold by Messrs. ROBSON and Co. New Bond Street, and Messrs. DILLY, Poultry.
MDCCLXXVI.

UNE

EXPOSITION

DES

INSECTES ANGLOIS,

AVEC DES

OBSERVATIONES ET DES REMARQUES CURIEUSES,

DANS LESQUELLES

CHAQUE INSECTE EST PARTICULIEREMENT DECRIT ; SES PARTIES ET SES PROPRIETES SONT CONSIDEREES ; LEURS SEXES DISTINGUES, ET LEUR HISTOIRE NATURELLE FIDELLEMENT RECITEE.

LE TOUT ENRICHIE DES TAILLES DOUCES, DESSINEES, GRAVEES, ET COLOREES

PAR L'AUTEUR,

MOISE HARRIS.

Read nature ; nature is a friend to truth ;
Nature is Christian ; preaches to mankind ;
And bids dead matter aid us in our creed.
YOUNG, *Night* 4. p. 73.

LONDRES:
IMPRIME POUR L'AUTEUR.
Et Chez. Meffrs. ROBSON et Co. New Bond Street, et Meffrs. DILLY, Poultry.
MDCCLXXVI.

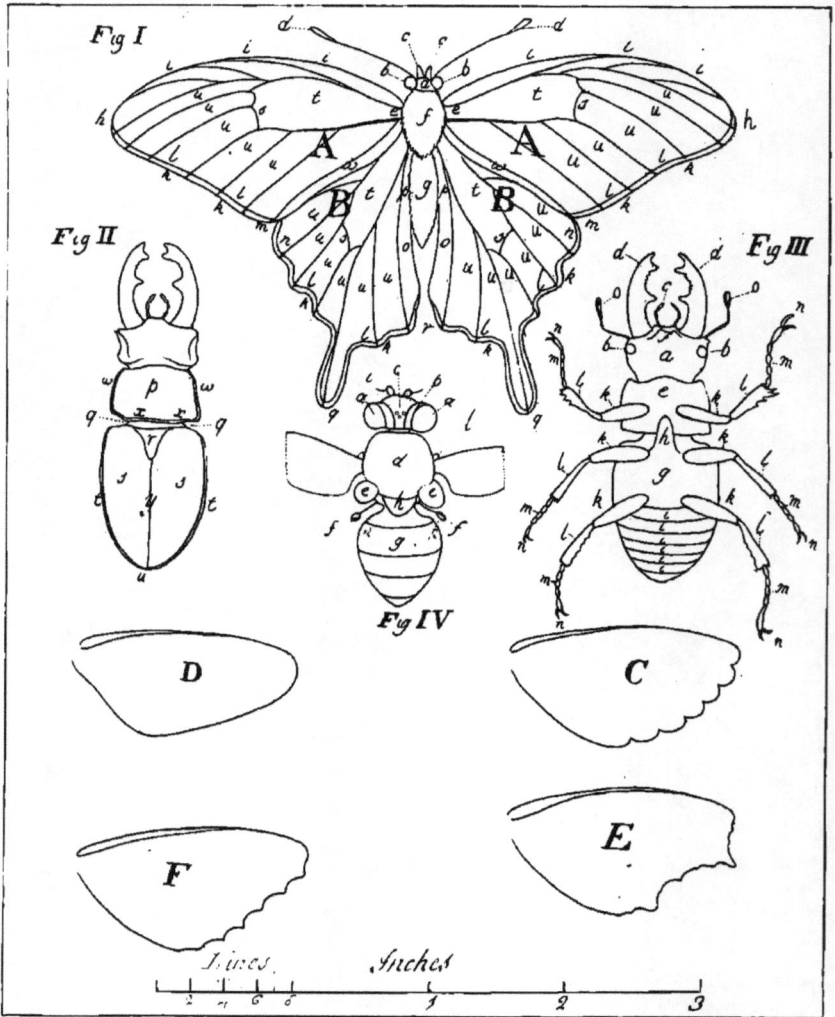

Fig I

Fig II

Fig III

Fig IV

A   A

B   B

D

C

F

E

Lines   Inches

INTRODUCTORY

PREFACE.

IT is almoſt an univerſal cuſtom in a preface to a work of this kind, to ſay
ſomething in praiſe, or elſe in defence
of the ſcience of Natural Hiſtory, as if
not meant ſo much to recommend the ſtudy
as to apologize for thoſe who labour therein.
But to whom ſhould ſuch apology be made ?
thoſe who objeſt againſt it are generally men
of ſmall capacity and low wit, having a mean
conception of things in general, and whoſe
diſpoſition it is to condemn what they do not
underſtand. It ſhall be my deſign therefore to
dwell on nothing but what is neceſſary as an
introduction, and to inform my reader that in
the general plan of this work I have kept
cloſe to the outlines of the ſyſtem of *Linnæus*,
ſo far as his method was agreeable to, and
did not interfere with the plan, which I have
adopted, of a ſtrict adherence to a Natural Sy-
ſtem, ſeparating the claſſes by ſuch nice
though ſtrong diſtinctions, that the obſerver
at firſt ſight of an inſect (if it be of the *Diptera* or *Hymenoptera*) ſhall be capable, of
not only knowing the claſs it refers to, but
at the ſame time to what order and ſection of
that claſs, and this by the wings only.

'USAGE preſque univerſel dans lequel on eſt dans une preface d'un
ouvrage de ce genre, de dire quelque
choſe louable ou en defence de la
ſcience de L'hiſtoire Naturelle, ſemble qu'on
ſe propoſe plutôt de faire une apologie en fa-
veur de ceux qui y travaillent, qu' a recom-
mender l'etude de cette ſcience. Mais qui
eſt ce qui a beſoin d'apologie ? ceux qui y
trouvent a redire ne ſont en general que des
gens de petite capacité & d'un eſprit rempant,
qui n'ont qu'une conception vulgaire des
choſes en general ; & des diſpoſitions qui ne
ſont propre qu'a condemner ce qu'ils ne com-
prennent point. Mon deſſein eſt donc de
n'inſiſter rien autre choſe que ce qui eſt ne-
ceſſaire a une introduction, & de prevenir
mon Lecteur que dans le Plan general de cet
ouvrage, Je me ſuis laiſſe conduire par les
lignes exterieures du Syſteme de Linneus,
& j'ai rangé les Inſectes dans leurs ordres reſ-
pectifs par des diſtinctions ſi marquèes et cir-
conſpectes, ſelon la maniere de cet excellent
Naturaliſte, en ſeparant les claſſes d'une maniere ſi diſtinguèe que l'obſervateur au premier
coup d'oeil d'un Inſecte (ſi il eſt un *Diptera* ou
Hymenoptera) ſera capable nonſeulement, de
ſçavoir de qu'elle claſſe elle eſt ; mais auſſi de
qu'el ordre, & de quelle ſection de cette claſſe : & le tout par le moyen des Ailes,

It
B

Je

It is to the Tendons of the wings that I am beholden for the difcovery of the numerous fpecies (particularly of the *Mufca*) contained in this work : for having collected, on a certain time, a great number, I wanted to feparate the fpecies, and take away the duplicates, but knew not where to begin for want of fome plan or method to proceed upon, and fuch a one as would effectually prevent the taking a malè and female of one kind for two diftinct fpecies. I at length perceived, by the different difpofition of the tendons, that there were a certain number of orders, or forts of wings, and immediately proceeded to devide them refpectively. Thus the difficulty was unravelled, for it was now but a pleafing tafk to felect the various fpecies of each order, male and female, and place them together. It was therefore a prevailing circumftance with me to infert drawings of the wings according to their various orders, that whoever may intend to collect the *Diptera* and *Hymenoptera* for the future, may have the opportunity of the fame benefit and affiftance from them which I have experienced.

In the defcriptions I have given the *Linnæan* name where the characters of the infect exactly correfponded with that defcribed in the *Syftema Naturæ* of that Author : where I was in doubt I judged it better to be filent than run the hazard of a miftake.

As I have ufed myfelf to a fet of terms for the various parts of infects, fome of which are unknown to many, I have fubjoined the following Tables of Explanation, which refer to a plate whereon the refpective parts are delineated, and which will be very proper for the reader to perufe before he enters upon the defcription.

Ex-

Je dois la decouverte de ce grand nombre d'efpeces d'infectes, (& particuliérement celle de *Mufca*) contenues dans cet ouvrage, aux tendons des ailes, car ayant fait dans une certaine faifon la collection d'un grand nombre, j'eûs befoin de feparer les efpeces & d'oter les doubles, mais manque de plan ou de methode propre a fuivre, je ne fçavois par ou commencer ; & il m'en faloit un qui put effectivement m'empêcher de prendre un Male & une Femelle d'une meme efpece, pour deux efpeces differentes, & afin que les Femelles ne fuffent pas féparées des Males de leurs meme efpeces en les placant dans deux ordres differents. Je m'apercû a la fin, par les differentes difpofitions des tendons, qu'il y avoit un certain nombre d'ordres ou fortes des ailes, je commençai auffi tôt a les divifer feparement. De cette façon je furmontai la difficulté, car ce n'etoit qu'une tache fort agreable de chofir les efpeces differentes de chaque ordre males & femelles & de les placer enfemble. Ceft pourquoi ce me fut un motif efficace pour inferer les figures des ailes felon leurs differents ordres afin que quiconque puiffe etre dans le deffein de faire la collection de *Diptera* & *Hymenoptera* ayent l'occafion du meme profit & de la meme affiftance que j'ay expérimenté moi meme.

Dans les defcriptions que j'ai données au nom Linnéen ou les caracteres de l'infecte correfpondoient exactement a celle qui nous eft decrite dans le *Syftema Naturæ* de cet auteur ; ou je me fuis trouvé incertain j'ai penfé qu'il etoit plus convenable de ne dire mot que, de courir le rifque de me tromper.

Comme je me fuis accoutumé a un nombre de termes pour la diverfité des partiés des infectes, donc la plus part ne font connues que de peu de perfonnes, j'ai ajouté les Tables fuivantes d'explications, & qui renvoyent, a des planches fur lefquelles toutes les partiées feparées font ebauchées, & qu'il fera tres apropos que le lecteur parcoure avant que de commencer les defcriptions.

Ex-

EXPLANATION.

A A. Superior wings.
B B. Inferior wings.
C. Scolloped wings
D. Smooth or even wings
E. Angulated wings
F. Indented wings

FIG. I.

a Head
b b Eyes.
c Palpi.
d d Knobs of the antenna
e e Shoulders.
f Thorax.
g Abdomen.
b b Tips or apices.
i i Sector edges.
k k Fringes.
l l Fan edges.
m m Lower corner of the superior wings.
n n Outer corners of the inferior wings.
o o Abdominal edges.
p p Abdominal groove.
q q Tails.
r r Abdominal corners.
s s Bar tendons.
t t Table membranes.
u u Fan tendons and membranes.
w w Slip membranes, and flip edge.
x Anus.
y Tongue.
z Long membrane.

FIG. II. and III.

a Head.
b b Eyes.
c Palpi.
d d Jaws or forceps.
e Breast.
f Mouth.
g Lower part of the breast.
b Gorget.
i i Abdomen, with its Annuli
k k Fore, middle, and hinder thighs.

l l Fore,

EXPLICATION.

A A. Les ailes supérieures.
B B. Les ailes inférieures.
C. Les ailes decoupées a languettes.
D. Les ailes uniés.
E. Les ailes angulaires.
F. Les ailes dentelées.

FIG. I

a La tête.
b b Les yeux.
c Les antennules.
d d Les boutons des antennes.
e e Les epaules.
f Le corcelet.
g L'abdomen.
b b Les bouts.
i i Les bords tranchants.
k k Les franges.
l l Les bords d'eventail.
m m Le coins inferieurs des ailes superieures.
n n Les coins extérieurs des ailes inférieures.
o o Les bords abdominaux.
p p La rainure abdominale.
q q Les Queués.
r r Les coins abdominaux.
s s Les tendons en barre.
t t Les membranes de table.
u u Les tendons d'eventails & les membranes.
w w Les membranes & le bord glissant.
x x L'anus.
y La langue ou trompe.
z La membrane longue.

FIG. II. & III.

a La tête.
b b Les yeux.
c Les antennules.
d d Les machoires.
e La poitrine.
f La bouche.
g La partié inférieure de la poitrine.
b La gorge.
i i L'abdomen & ses anneaux.
k k Les cuisses de devant, du milieu, & de derriere.

l l Les

l l Fore, middle, and hinder fhins.

m m Bearers.
n n Claws.
o o Antennæ.
p Thorax.
q q Joint of the thorax.
r Efcutcheon.
s s Wing cafes.
t t Margin of the wing cafes.
u Anus.
w w Lateral margin of the thorax.
x x Hinder margin of the thorax.
y Suture.

Fig. IV.

a a Large eyes.
b Fillets.
c Frontlet.
d Thorax.
e Femoral fcales.
f Tremblers.
g Abdomen.
b Efcutcheon.
i Little eyes or ftemmata.
k Hips.
l Shoulder ftuds.

In the defcriptions, I have made ufe of fuch terms with refpeét to colours and teints as may beft ferve to convey a proper idea of the colours in the infeéts defcribed: but as thefe terms are little known but to painters, I have given, in a fmall fcheme annexed, a kind of fyftem containing a variety of feventy two different colours, which are placed in fuch a manner, as demonftrates at firft fight, the dependance colours in general have on each other. Each teint is numbered, and the figures refer to a Catalogue which ferves as an index to fhew the name apropriated to each.

I am far from propofing this fcheme as a compleat fyftem, nor does it contain all the teints which decorate the fubjeéts comprifed in this work, one being as impoffible as the other. Many I believe are little aware that the teints which may be compofed of the three
                                    prime

l l Les jambes de devant, du milieu, & de derriere.
m m Les tarfes.
n n Les pattes ou griffet.
o o Les antennes.
p Le corcelet.
q q La jointure du corcelet.
r L'ecuffon.
s s Les etuis.
t t La bordure ou les bords des etuis.
u L'anus.
w w La bordure de cote bu corcelet.
x x La bordure de derriere du corcelet.
y La future.

Fig. IV.

a a Les grands yeux.
b Les bandeux.
c Le petit front.
d Le corcelet.
e Les ecailles femorales
f Les trembleurs.
g L'abdomen.
h L'ecuffon.
i Les petits yeux.
k Les hanches.
l Les clous des epaules.

Dans mes defcriptions je me fuis fervi de termes par rapport aux couleurs & aux teints des plus convenables pour donner une idée propre des couleurs de L'infeéte qu'on decrit: mais comme ces termes font peu connus que parmi les peintres, j'ai donné dans un plan que je joint, une efpece de fyfteme qui contient la diverfité de feptante deux differentes couleurs, qui font placées d'une façon a demontrer au premier coup d'œil la dependance que les couleurs ont en general les unes fur les autres; chaque teinture eft numerotée, & les nombres renvoyent a un Catalogue qui fert de table pour marquer les noms qu'on leur a appropriés.

Bien loin de propofer ce plan comme parfait, je fuis convaincu qu'il ne contient pas meme toutes les teintures qui decorent les fujets compris dans cet ouvrage, l'un n'eftant pas plus poffible que l'autre. je m'imagine qu'il y a plufieurs perfonnes qui ne prevoient
                                    pas

prime or principal colours are infinite: neither can we by any propofed method or meafure adjuft the quantity of each requifite to compofe a teint required. The painter compofes his teints by the ftrength of his judgment, it being a part of his art, fome greatly excelling others in this particular; whence it may be faid, that teints are proper or improper according to the part of the picture for which they are intended. A child might compofe a number of teints not knowing what he does, which a judicious artift could difpofe on the canvas to wonderful purpofe.

The intention of this fcheme then, is merely to affift the conception of the reader, and to give fome idea of each meant by the terms in the Catalogue. I could have extended it greatly beyond its prefent limitation, but it would be here unneceffary, as it already comprehends all the teints anfwering to the terms ufed in the defcriptions.

The three conjunctive triangles in the centre, of Red, Blue, and Yellow, are intended to fhew, that thofe three colours, when mixed together in equal powers, compofe or conftitute Black, and that all teints in the furrounding circles are generated of them according to the various proportions of each mixed together. The colour or teint in each compartment of the inner circle, is compofed or partakes of the joint powers of thofe fituated on each fide: thus between the red and yellow, is orange; between the yellow and blue is green; and between the blue and red is the purple. The intermediates which make up the reft of the circle partakes moft of that colour to which it is neareft. Each of the teints which compofe the two inner circles are made of only two of the prime colours, but thofe of the outer ones of all the three.

pas que la teinture qu'on peut compofer des trois couleurs principales (car on peut dire que toutes les autres couleurs font compofées de ces trois là) font a l'infini: il eft meme impoffible par aucune methode propofée ou autre moyen d'ajufter la quantité de chaque couleur neceffaire pour compofer une teinture qui nous eft demandée. Le peintre compofe les teintures par la force de fon jugement comme eftant une partie de fon art, & nous en voyons qui en furpaffent d'autres de ce coté la; de forte qu'on peut bien dire que les teintures font propres ou improprcs felon la partie du portrait pour lequel elles font deftinées: un enfant pourroit compofer un nombre de mélanges fans favoir la confequence de ce qu'il fait, pendant qu'apres un artifte judicieux pouroit les difpofer admirablement fur du canevas et a un tres grand avantage.

C'eft pourquoi l'intention de ce plan eft feulement d'affifter la conception du lecteur, qui peut etre n'a qu'une petite connoiffance du melange des couleurs & en donner quelques idées de chaqu' une, fignifiès par les termes du Catalogue. J'aurois pu l'etendre bien plus au long qu'il n'eft, mais cela n'eft pas neceffaire puis qu'il comprend toutes les teintures qui repondent aux termes donc on fait ufage dans les defcriptions.

Les trois triangles conjonctifs dans le centre, de rouge, de bleu, & de Jaune, font pour montrer, que quand ces trois couleurs font melées enfemble d'une puiffance égale elle compofe ou conftitüe la couleur noire,& que toutes les teintures dans les cercles environnants prennent leurs exiftences de ces couleurs felon les diverfités des proportions de chaque melange enfemble. La couleur ou teinture de chaque compartiment des cercles interieurs, eft compofée ou participe aux puiffances jointes a celle qui font fituées de chaque coté, par exemple entre, le rouge & le jaune eft la couleur d'orange. Entre le jaune & le bleu, eft la verte. Et entre le bleu & le rouge fe trouve la couleur de pourpre. L'entre deux qui fait le refte du cercle participe plus a la couleur qui lui eft plus proche qu' a aucune autre. Chaque teinture qui compofe les deux cercles interieurs

By powers I would be underftood to mean that force with which colours mutually act one againft another when blended together. Thus a blue and a yellow when mixed together to compofe a green, if neither of the two be predominant, it may be faid to be of equal powers. Thus, with a little attention to this plan, the reader will be enabled to judge of the variety of teints that adorn the feveral parts of infects.

terieurs ne font compofée que de deux des principales couleurs & celles de l'exterieur de toutes les trois. Ce que je comprend par puiffance eft la force avec laquelle les couleurs agiffent mutuellèment l'une contre l'autre quand on les mele enfemble. Par exemple en melant la couleur bleu & la couleur jaune enfemble pour en faire une verte, s'il n'y en a aucune d'eux qui predomine, on peut bien dire quelles font d'une egale puiffance. De forte qu'en donnant un peu d'attention a ce plan, le lecteur peut devenir capable de juger des diverfités des teintures qui couvre les diverfes partiés des infectes.

EXPLANATION. CIRCLE I.

1 Red or fcarlet.
2 Orange-red.
3 Red-orange
4 Orange.
5 Yellow orange.
6 Orange-yellow.
7 Yellow.
8 Green-yellow.
9 Yellow-green.
10 Green.
11 Blue-green.
12 Green-blue.
13 Blue.
14 Purple-blue.
15 Blue-purple.
16 Purple.
17 Red-purple.
18 Purple-red or crimfon.

EXPLICATION. CIRCLE I.

1 Rouge ou ecarlate.
2 Orange rouge.
3 Rouge orange.
4 Orange.
5 Jaune d'orange.
6 Orange jaune.
7 Jaune.
8 Verd jaune.
9 Jaune verd.
10 Verd.
11 Bleu verd.
12 Verd bleu.
13 Bleu.
14 Pourpre bleu.
15 Bleu de pourpre.
16 Pourpre.
17 Rouge de pourpre.
18 Pourpre rouge ou cramoifi.

CIRCLE II.

1 Carnation.
2 Flefh.
3 Yellow-flefh.
4 Gold-colour.
5 Buff-colour.
6 Cream-colour.
7 Straw-colour.
8 Light-greenifh-yellow.
9 Light-yellowifh-green.

10 Light

CIRCLE II.

1 Carnation.
2 Couleur de chair.
3 Jaune de chair.
4 Couleur d'or.
5 Couleur de fond brun.
6 Couleur de créme.
7 Couleur de paille.
8 Verdâtre jaune clair.
9 Jaunâtre verd clair.

10 Verd

10	Light Green.	10	Verd clair.
11	Saxon or peagreen.	11	Verd de pois.
12	Saxon-blue.	12	Bleu de laxe.
13	Light blue.	13	Bleu clair.
14	Light-purple-blue.	14	Pourpre bleu clair.
15	Pearl colour.	15	Couleur de perle.
16	Light purple.	16	Pourpre clair.
17	Pink or bloſſom.	17	Couleur d'oeillet.
18	Roſe colour.	18	Couleur de roſe.

CIRCLE III.   CIRCLE III.

1	Red brown.	1	Rouge brun.
2	Copper brown.	2	Brun de cuivre.
3	Nut brown.	3	Brun de Noiſette.
4	Brown.	4	Brun.
5	Olive brown.	5	Brun d'olive.
6	Browniſh olive.	6	Brunâtre d'olive.
7	Yellow olive.	7	Jaune d'olive
8	Green olive.	8	Verd d'olive.
9	Greeniſh olive.	9	Verdâtre d'olive.
10	Olive.	10	Olive.
11	Blueiſh olive.	11	Bleuatre d'olive.
12	Blue olive.	12	Bleu d'olive.
13	Grey.	13	Gris.
14	Slate colour·	14	Couleur d'ardoiſe.
15	Red ſlate.	15	Rouge d'ardoiſe.
16	Purple ſlate.	16	Pourpre d'ardoiſe.
17	Purple brown.	17	Pourpre brun.
18	Cinamon.	18	Canelle.

CIRCLE IV.   CIRCLE IV.

1	Light rediſh brown.	1	Rougatre brun clair.
2	Light copper brown.	2	Brun de cuivre clair.
3	Light nut brown.	3	Brun de noiſette clair.
4	Light brown.	4	Brun clair.
5	Light olive brown.	5	Brun d'olive clair.
6	Light browniſh olive.	6	Olive brunatre clair.
7	Light yellow olive.	7	Olive jaune clair.
8	Light green olive.	8	Verd d'olive clair.
9	Light greeniſh olive.	9	Olive verdatre clair
10	Light olive	10	Olive clair.
11	Light blueiſh olive.	11	Bleuatre clair.
12	Light greeniſh ſlate colour,	12	Couleur verdatre d'ardoiſe.
13	Light grey.	13	Gris clair.
14	Light ſlate.	14	Ardoiſe clair.

15 Light   15 Rougatre

15 Light reddish flate.	15 Rougatre d'ardoife clair.
16 Light purplish flate.	16 Pourpre d'ardoife clair.
17 Light brownish purple.	17 Pourpre brunatre clair.
18 Dark bloffom.	18 Couleur obfcure de fleur.

N. B. All the fynonyms mentioned in this work referring to *Linnæus Syftema Naturæ* are from the twelfth edition of that Author.

(Remarque) Tous les fynonimes donc on a fait mention dans cet ouvrage pris de *Linneus*, fe trouve dans la douzieme Edition.

SCHEME *of* COLOURS

M.r Harris In.t & pinx.t

D E C A D I.

T. A B. I.

L E P I D O P T E R A: PHALÆNA.

Fig. a and b Expands two inches and three quarters.

Fig. a & b Déploye ses ailes deux pouces & trois quarts.

UPper side. The Antenna are like threads, about three quarters of an inch long, and of a footy black colour. On the front of the thorax is a broad kind of ruff or cape which surrounds the neck and covers the shoulders. The Thorax is crested or crown'd with divers tufts of hair, which descending down the Abdomen become less by degrees almost to the anus, which is also furnish'd with a fanlike tuft of the same substance. The Superior wings are of a fine dark foot colour, having several waved lines of light and dark browns crossing each of them from the sector to the slip edge, the whole appearing like dark brown tabby. About the center of each wing are two marks which appear circular, and not unlike in shape to human ears. The Inferior wings are also of a foot colour, having a lightish tender bar which crosseth them from the abdominal edge upward, and meeting with the second bar in the superior wing seem to compose one line with it: the portion of the wing between this bar and the thorax is much lighter than that beneath. The Fan edges of the wings are scolloped, and hath a pretty broad fringe.

LE Dessus. Les antennes sont comme des fils, d'environ trois quarts de pouce de long, & d'une couleur de suie noire. Sur le devant du corcelet il y a une large espece de pointe, qui environne le cou & couvre les epaules. Le derriere ou la partié supérieure du corcelet, est crêtée ou couronné de diverses touffes de cheveux, qui descendant vers l'abdomen, diminuant & devenant plus courts par degrés, presque jusqu'a l'anus; qui est aussi couvert d'une espece de touffe dévantail de la meme substance. Les ailes supérieures sont d'une belle couleur de suie foncée; plusieurs lignes ondées d'un brun clair & foncé qui les traversent, depuis le sécteur jusqu'au bord, le tout paroit comme un tabis brun obscur. Vers le centre de chaque aile on trouve deux marques qui paroissent circulaires, & qui ne different point en forme de l'oreille humaine. Les ailes inférieures sont aussi de l'une couleur de suie, ayant une barre foible clairatre, qui les traversant depuis le haut du bord abdominal, & rencontrant la seconde barre de l'aile supérieure; semble ne composer qu'une ligne. La partié de l'aile qui se trouve entre celle ci & le corcelet, est beaucoup plus claire que celle de dessous. Les bouts devantails des ailes sont decoupées a languettes, & ont une frange assès large fort agreable.

Under

Le

D

Under fide. The *palpi* are fhort, the upper joints being void of plumage appear like two points. The *tongue* is brown and lies curled up in a fpiral form between the palpi. All the wings are of a foot colour having a tender lightifh bar croffing the middle of each; all the fan edges have a border of a light brown colour. They are taken in plenty here, particularly in Kent: it appears in the month of Auguft and flies in the dufk of the evening; but, its Natural Hiftory is entirely unknown to us, it is called the *old lady.* The male is fhewn at *a*, and the female at *b*. See *Linnæus, phal. noct. Maura.*

Fig. c and d *Expands one inch and three quarters.*

Upper fide. The *Antenna* are about half an inch in length, are pectinated, and of a light brown colour. The *Palpi* are pretty long and naked at their extremities. The *eyes* are of a fine brown. The *head, thorax* and *abdomen* are of a light copper brown. The *fuperior-wings* are of the fame colour, having two neat double bars of a cream colour which croffeth each of them; one lies about a quarter of an inch from the thorax, the other about the fame diftance from that at the flip edge; but the other end inclining obliquely ends on the fector edge near the tip. On the fhoulder ligature is a fmall fpeck of a clear white, from which to the middle of the wing, a cloud of orange colour extends itfelf, where is another white fpeck about the fame fize as the former. The *Fan edges* are much angulated. The *Inferior wings* are of a lightifh brown and plain, no markings being vifible on them. The *Caterpillar* feeds on *willow* and *fallow*, is of a fine tranfparent green, having a darkifh line down the middle of the back, which reaches from the mouth to the anus, with two other lines, one on each fide. It changes to the chryfalis ftate in September, and the moth appears in December. The chryfalis

Le deffous. Les *antennules* font courtes, les jointures fupérieures eftant depourvues de plumage, paroiffent comme ceux points. La *trompe* eft brune & tournée en fpirale, entre les antennules. Toutes les ailes de ce coté font d'une couleur de fuie, & ont une barre foible clairatre qui en traverfe le millieu de chaqu'une. Tous les bouts devantails ont une bordure d'une couleur brune claire. Nous en avons dans ce pais une quantité médiocre, & particulierement en Kent. Elles paroiffent dans le mois d'Aout, & ne volent qu'a l'obfcurité du foir; mais leur hiftoire naturelle nous eft entiérement inconnüe. On les appelle *the old lady,* ou la Vielle dame. Le male eft reprefenté a *a*, & la femelle a *b*. *Voyez Lin. phal. noct. Maura.*

Fig. c & d *Deploye fes ailes un pouce & trois quarts.*

Le deffus. Les *antennes* font environ un demi pouce de long, & font formées en peigne & d'un brun clair. Les *antennules* font paffablement longues & nues aux bouts. Les *yeux* font d'une belle couleur brune. La *tête,* le *corcelet,* & l' *abdomen,* font d'un brun de cuivre clair. Les *ailes fupérieures* font de la meme couleur, elles ont deux belles barres couleur de creme qui les traverfent; l'une eft apeu pres un quart de pouce du corcelet, l' autre environ la meme diftance du bord, mais de l'autre côté panchant obliquement finit prés du bout du bord fecteur. Sur la *ligature* l' *epaule* il y a une petite tache d'un blanc clair; depuis laquelle jufqu'au millieu de l' aile, fe trouve une nuée de couleur dorange, qui s'etend jufqu'a une autre tache blanche, a peu pres de la meme grandeur. Les bouts devantails font tres angulaires. Les *ailes inférieures* font d'un brun clairatre & unies; n'y ayant point de marque vifible. La *chenille* fe nourrit fur le *faule*, & eft d'un beau verd tranfparent; avec une ligne foncatre au millieu du dos, qui court depuis la *bouche* jufqu'a l' *anus*, & déux autres lignes, une de chaque coté. Elle fe change en *chryfalide* en Septembre, & le *phalene* paroit en Decembre.

chryfalis is of a dull black having a ridge on that part which contains the thorax like the creft of a helmet. This defcription is taken from a female, it is called *the herald*. *See Linn. phal. bomb. Libatrix.*

Decembre. Le chryfalide eft d'un noir trifte, & a une elevation fur la partie qui contient le corcelet, femblable a une crête d'un cafque. Cette defcription eft prife d'une femelle. Cette phalene l'appelle *the herald*, ou le Heraut. *Voyez Linn. fyft. phal. bomb. Libatrix.*

T A B. II.

Fig. 1 and 2 *Expands ten lines and an half.*

UPper fide. The *Antenna* are like fmall hairs and about a quarter of an inch in length. The *eyes* are brown. *Thorax* and *fuperior wings* are of a fine ftraw colour, the latter having two fmall brown fpots near the middle of each. On the *Fan membranes* is a broad angular brown bar, the limbs of which refts one on the upper the other on the lower corner of the wing, the angular point approaching towards the middle of the wing. The inferior wings are plain and of a light brown. A female. The *Under fide* is totally of a light brown colour. I have not feen it any where defcribed, it is called the *clouded ftraw.*

Fig. 1 & 2 *Deploye fes ailes dix lignes & demi.*

LE *Deffus.* Les *antennes* font comme de petits cheveux, & environ au quart de pouce de long. Les *yeux* font brun. Le corcelet & les *ailes fupérieures* d'une belle couleur de paille fine ; les dernieres ont deux petites taches brunes, vers le millieu de chaque aile. Sur les *membranes devantails* fe trouve une barre large angulaire brune ; les membres duqu'el reftent fur le bout, l'autre fur le coin inférieur de l'aile, le point angulaire approchant près du millieu de l'aile. Les *ailes inférieures* font d'un brun clair fans aucun marques vifibles. Cette defcription eft prife d'une femelle. Le *deffous* eft entierement d'un brun clair. Je ne l'ai vüe decrite nulle part. Elle s'appelle *the clouded ftraw*, ou la Paille nuée.

Fig. 3 and 4, *The female Expands three inches.*

Upper fide. The *Antenna* of the female are like fine thread, and about a quarter of an inch in length. But thofe of the male are broadly pectinated for about half way, the remainder towards the tips is naked, as if ftriped of its comb-like appendages. The *eyes* are black. The *head* and *thorax* are white, the latter having three fpots thereon of a dark fhining blue-green colour. All the *wings* are white, fprinkled all over with a great number of dark green fpots which are round

Fig. 3 & 4, *La femelle deploye fes ailes trois pouces. Le male beaucoup moins.*

Le *deffus.* Les *antennes* de la femelle font comme un filet fin, & environ un quart de pouce de long ; mais ceux du male font beaucoup pectinées jufque vers le millieu, le refte vers les bouts font nuds, comme s'il etoient depouillées de leurs apanages convenables. Les *yeux* font noirs. La *tete* & le *thorax*, font blanc, le dernier a trois taches d'un bleu verd fonce & luifant. Toutes les *ailes* font blanches, arrofées par tout d'un grand nombres de taches rondes, d'un verd obfcur, & les

(12)

round, the largeſt of them which are ſituated on the table membrane are about the circumference of ſmall ſhot. Thoſe on the inferior wings are leſs and paler, ſome being hardly viſible. The *abdomen* is white next the *thorax*, but the greateſt portion toward the anus is of a dark ſhining green nearly black. *Under ſide.* The *eyes* on this ſide are brown olive. It hath no *tongue*. The *legs* are dark blue. The *Breaſt* is white. The *abdomen* and *wings* as on the upper ſide, but much paler. The *Caterpillar* feeds within the bodies of young aſh trees, and the moth appears in Auguſt : it is call'd the *wood leopard*. See *Linn. ſyſt. phal. noct. Eſculi.*

Fig. 5 and 6 Expands an inch and three quar-
ters. The male much leſs.

Upper ſide. The *Antenna* are like fine threads. The *head*, *thorax* and *abdomen*, are of a pale brown. All the *wings* are of the ſame colour, being covered over with a great number of neat waved brown bars which lay acroſs the wings, from the ſector edge to the flip edge. Near the middle of each wing is a ſmall black ſpeck which is placed on the bar tendon ; and it may here be obſerved that moſt ſpecies of the Phalæna have a mark in that place called by Linnæus *ſtigma.* Round the ſan edges of the wings is a border about an eighth of an inch broad, and of a lively brown colour ; along the middle of which runs a white ſerpentine line. The *male* is remarkable for two tufts of black hair one on each of the abdominal edges. · *Under ſide.* The waved marks are not ſo conſpicuous on this ſide eſpecially thoſe of the male, but the black ſpeck on the bar tendon is much ſtronger. It is taken about the middle of June near wood ſides but is very ſcarce here, it is call'd *ſcollop ſhell.* I believe it to be a non-deſcript.

Fig.

les plus grandes, qui ſont ſituées ſur la table membrane, ſont a peu pres de la circonference d'un petit grain de plomb. Celles qui ſe trouvent ſur les *ailes inférieures* ne ſont pas ſi grandes & plus pâles ; il y en a qui a peine ſont viſibles. L'*abdomen* eſt blanc vers le *corcelet*, mais la plus grande partie vers l' anus eſt d'un verd foncé approchant le noir. Le *deſſous.* Les *yeux* de ce coté ſont d'un brun d'olive. Il n'a point de *trompe.* Les *jambes* ſont d'un bleu foncé. La *poitrine* eſt blanche. L'*abdomen* & les *ailes* comme en deſſus, mais beaucoup plus pale. La *chenille* ſe nourrit dans les troncs des frenes jeunes, & le phalene paroit en Aout : on l' appelle *the wood leopard*, ou le Leopard du bois. *Voyez Linn. ſyſt. phal. noct. Eſculi.*

Fig. 5 & 6 Deploye ſes ailes un pouce & trois
quarts. Le male beaucou pmoins.

Le *deſſus.* Les *antennes* reſemblent a de fils fins. La *tête*, le *corcelet*, & l' *abdomen*, ſont d'un brun fort pale, preſque blanc. Toutes les *ailes* ſont de la meme couleur ; & ſont couvertes d'un grand nombre de belles barres ondées brunes, qui croiſent les ailes depuis le ſecteur juſqu'au bord gliſſant. Vers le milieu de chaque aile ſe trouve une petite tache noire, qui eſt placée exactement ſur la barre du tendon ; & on peut ici obſerver que la plus part des eſpeces de phalenes, ont une marque dans le meme endroit appellée *ſtigma* par Linné. Autour des bords devantails des ailes, on trouve une bordure, d'environ un huitiéme dun pouce de long, d'un brun vif, au milieu de laquelle traverſe une ligne ſerpentine blanche. Le *male* eſt remarquable par deux touffes de cheveux noirs, une ſur chaque bord abdominale des ailes inférieures. Le *deſſous.* Les marques ondées, ne ſont pas ſi viſibles de ce coté que de l'autre ; ſur tout celles du *male*, mais la tache noire ſur le tendon de la barre, eſt beaucoup plus fort. On la prend vers le milieu de Juin, & ſe trouve pour l'ordinaire pres des bois, mais eſt fort rare. On l'appelle ici *the ſcollop ſhell*, ou la Coquille peigne. Je crois quelle n'eſt pas decrite.

Fig.

Tab. I.

a. b. Mania maura.

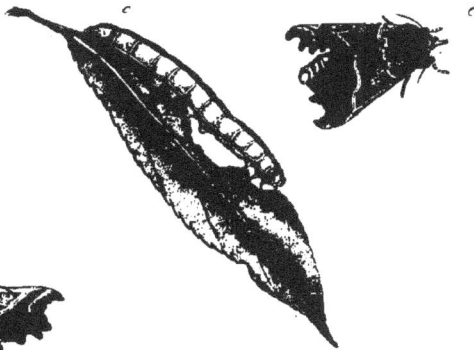

c. d. e. f. Goeoptera libatrix.

Mo Harris ad Vivum fe

Tab. II

1. 2. Cochylis Zoegana

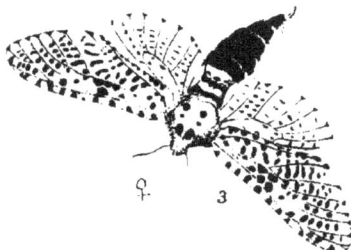

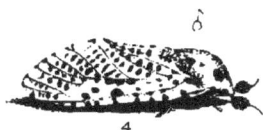

2

♂

4

3. 4. Zeuzera aesculi. ♂. ♀

5

♀.

6 ♂

5. 6. Scotosia undulata. ♂ ♀

7

7 Alucita hexadactyla.

Fig. 7 *Expands five eighths of an inch.*

Upper side. The *antennæ* are like small hairs, and of a light brown colour. The *palpi* are about the length of the thorax. The *head* is broad laying flat against the thorax, the eyes standing apart. The *Thorax* is very short, and the *abdomen* long, both being of a light brown colour. The *wings* are of a very singular form and construction, being wholly devoid of those membranaceous parts which appear so very necessary in the fabrication of the wings of other insects; so that the tendons appear like the sticks of a fan when open and extended. Every *tendon* is fringed on each side, so as to appear like pinions, except the shoulder tendon, which hath it only on the inner side. Each wing hath six of these featherlike tendons, they are of a pale wainscot colour. On each of the superior wings are two irregular clouded bars of a dark brown colour, which run accrofs them from the sector to the slip edge. The inferior wings have likewise some small disjointed bars which crofs the tendons, but they are rather fainter then those on the superior wings. *Under side.* This side is totally of a pale brown. There are two broods a year of them, one in May, the other in August, and the moth is commonly found flying on the infide our windows. It is called, though falfely, Twenty plume. *See Linn.* *pha. Alucita, Hexadactyla.*

Fig. 7 *Deploye ses ailes cinq huitièmes d'un pouce.*

Le deffus. Les *antennes* font comme de petits chevaux, & d'un brun clair. Les *antennules* font a peu pres de la longeur du corcelet. La *tête* est large, & est couche plate contre le corcelet, les yeux etant a part. Le *corcelet* est fort court & l'*abdomen* long; ils font tous les deux d'un brun clair. Les *ailes* font d'une forme & d'une conftruction fort finguliere; elles font entiérement depourvues de ces partiés membraneufes qui paroiffent fi neceffaires dans la fabrique des ailes des autres infectes: de forte que les tendons paroiffent comme des bois devantails quand ils font ouverts et etendues. Chaque tendon a une frange de chaque coté, de forte qu'ils paroiffent comme des plumes, excepté le tendon de l'epaule, qui la feulement, que fur la partie intérieur. Chaque aile a fix de ces tendons en forme de plumes; ils font d' une couleur de boifferie pale. Sur chaqu' unes des *ailes fupérieures,* il y a deux barres ondées irregulieres, d'un brun obfcur, qui les parcourent depuis le fecteur jufqu'au bord. Les *ailes inférieures* ont demenie quelques petites barres demiffes, qui traverfent les tendons, mais elles font plus pales que celles des ailes fupérieures. *Le deffous.* Cet coté est totalement d'un brun pale. Elles produifent deux fois l'année, l'une dans le mois de May, & l'autre en Aout, & la phalene fe trouve pour l'ordinaire dans l'interieur des fenêtres. On l'apelle quoïque erroneulement *the twenty plume,* ou le Vingt plume. *Veyez Lin. phal. Alucita, Hexadactyla.*

T A B. III.

Fig. 1. **I**S the Twenty plume enlarged; a description of which was given in the preceding table.

Fig. 1. **E**ST le vingt plume groffi dans nous avons donné la defcription dans la table precedente.

Fi.

Fig.

E

Fig. 2. Early in the fpring I difcover'd a number of thefe feeding on the leaves of the *horehound*, they appear'd like fmall peices of wither'd leaves, and were fixed almoft perpendicularly on one end. After I had view'd them fome time, I perceiv'd each of them contain'd a caterpillar, whofe manner of feeding was briefly thus; having fixed its cafe as before defcribed, with the mouth or entrance downward, by a ftrong fpinning, its next bufinefs is to eat through the upper fkin or membrane to the flefhy part of the leaf on which it feeds, having its head and part of its body withinfide the leaf, between the upper and lower membranes; here it eats away the flefhy fubftance as far as it can reach round, for it never comes wholly out of its cafe. When it wants frefh it loofens its cafe, and faftning it to fome approved place, proceeds as before. It is fhewn in the plate at *b*, of its natural fize, and in the manner it creeps, which is with its cafe erect. Its colour is white, having a brown *head*, and fome fpots of black on the back. It changes into chryfalis within the cafe, and the moth appears at the expiration of one month. The chryfalis is of a pleafant nut brown, and not above an eighth of an inch in length, the part containing the wings, extends greatly beyond the abdomen, as fhewn at fig. 3. The *moth* expands about five eighths of an inch. The *antennæ* are like fine hairs, above twice the length of its body, and perfectly ftraight; it hath the faculty of laying them fo clofe together that they appear as united in one, holding them ftraight forward in a right line with the body, like a fpear, as feen at fig. 5. The *head, thorax* and *abdomen* are of a buff colour. The *fuperior wings* are very long and narrow, the *Fan edges* deeply fringed, they are totally of a buff colour having no markings on them. The inferior wings are of a dufky brown, having a broad fringe alfo. The legs are very fhort. I have given figures of the caterpillar, chryfalis and moth, magnified

Fig. 2. Un matin dans l'été, j'ay decouvert un nombre de cette efpece, fur les feuilles du *marrubium*. Elles paroiffoient comme de petits morceaux de feuilles fletriés, & etoient attachées prefque perpendiculaires fur un coté. Apres que fe les eüs examinées quelque temps; je m'apercû qu'elles contenoient chaqu'une une chemille, qui fe nouriffoit de la façon donc je vais rapporter en peu de mots. Ayant fixe leurs etuis comme on a dejâ decrit, la bouche ou l'entrée en bas fur le deffus de la feuille, par un filet fort: elles commencent a manger a travers la peau fupérieure ou membranes jufqu'a la partié charneufe de la feuille, fur laquelle elles fe nouriffoient; ayant leurs tetes & parties de leurs corps, dans le dedans de la feuille, entre la membrane de deffus & celle de deffous; ici elles mangent la fubftance charneufe tout autour, jufqu'ou elles peuvent atteindre; car elles ne fortent jamais tout entierement de leurs etuis; quand elles cherchent de nouvelle nourriture elles lachent leurs etuis, & les attachent a quelqu' autre place; puis elles procedent comme deja decrit. On montre par la planche 6. leurs grandeur naturelle, & de quelle maniere elles rampent, qui eft avec leurs etuis ériges. Leur couleur eft blanche, & la tete brune, & quelques taches noires fur le dos. Elles changent en chryfalide, dans le dedans de l'etui, & la phalene paroit a l'expiration d'un mois. La chryfalide eft d'un brun de noifette fort agreeable, & pas audeffus d'un huitiéme d'un pouce en longeur. La partie qui contient les ailes, fetend peaucoup au de la de l'obdomen comme on le montre a la figure 3. La phalene deploye fes ailes environ cinq huitiémes d'un pouce. Les antennes font comme de petits cheveux, & font deux fois plus long que le corps, & parfaitement droites; elle a la faculté de les joindres enfemble fi ferrées, qu'elles femblent unies l'une dans l'autre; les tenant debout en avant, dans une ligne droite avec le corps comme une lance, telle q'uon le voit par la fig. 5.

nified that their parts may be the eafier difcerned.

Fig. 6 *Expands an inch and one eighth.*

Upper fide. The *antennæ* are like fine threads, and about half an inch in length. The *eyes* black. The *head, thorax* and *abdomen* are olive, the latter having three fmall tufts on the upper part. All the wings are of a fine dark olive colour, having feveral bars and waved lines of a darker colour, which run acrofs them from the fector through both the wings to the abdominal edge, of which the bar that croffeth the middle of the wings is very broad. This defcription is taken from a male. It appears in April. It is confidered as a non-defcript. The *Olive Moth.*

Fig. 7 *Expands an inch and three quarters.*

Upper fide. The *antenna* are about the length of the thorax, growing thick towards the end or extremity like a club, but leffening from thence to a fharp point at the ends, which turn a little outward, they are of a fine brown colour. The *eyes* are of a deep chocolate. The *palpi* and *head* are yellow. The thorax is of a dark brown colour, having two large yellow fpots of a triangular form, one on each fhoulder. The *abdomen* is of a fine yellow, except the middlemoft annulus which is brown, but that and the reft of the Annuli are edged with black. The *fuperior wings*

fig. 5. La tete le corcelet & l'obdomen font d'une couleur faunatre. Les ailes fupérieures font fort longues & fort etroits, les bouts devantails profondement frangées, & d'une couleur faunatre fans auqu'une marque. Les ailes inférieures font d'un brun obfcur ; ayant auffi une frange profonde. Les jambes font fort courtes. J'ai donné des figures de chenilles, de chryfalides, & phalenes groffis : afin que leurs parties puiffent ce difcerner plus aifeiment. *La Lance phalene.*

Fig. 6 *Deploye fes ailes un pouce & un huitiéme.*

Le Deffus. Les *antennes* font comme des fils fins, & environ un demi pouce de longeur. Les *yeaux* font noirs. La *tête,* le *corcelet,* & l'*abdomen* font couleur d'olive, le dernier ayant trois petites touffes fur la partie fupérieure. Toutes les ailes font d'une belle couleur d'olive obfcure, & ont plufieures barres & lignes ondées d'une couleur plus obfcure, qui les traverfent, depuis le fecteur, a travers les ailes fupérieures & inférieures, jufqu' au bord abdominal ; celles qui croife le milieu de chaque aile eft fort large. Cette defcription eft prife d'un male. Elles paroiffent en Avril. Je la confidere comme non decrite. Elle s'appelle *The olive moth,* ou la phalene olive.

Fig. 7 *Deploye fes ailes un pouce & trois quarts.*

Le Deffus. Les *antennes* font apeu pres de la longeur du corcelet, & font epaiffes vers l'extremité, comme un retrouce de cheveux ; mais diminue de la en pointe aux bouts ou il y a une petite tournure en dehors ; elles font d'un beau brun. Les *yeux* font d'une couleur de chocolat fort epais. Les *antennules,* & la *tête* font jaune. Le *corcelet* eft d'un brun obfcur ayant deux grandes taches jaunes, d'une forme triangulaire, une fur chaque epaule. L'*abdomen* eft d'un jaune fin, excepte l'anneau du milieu qui eft brun, mais celui ci & les autres anneaux font

wings are transparent like very thin horn, and of the same amber-like colour, they are long and narrow especially near the shoulders. The tendons with the fringe on the fan edges are of a deep gold colour. The tips are clouded a little way, and appear opake ; a cloud of the same dark gold colour covers the bar of each wing. The inferior wings are also transparent, and the tendons and fringes of the same colour as those on the superior wings. The legs are also gold colour'd, the hind ones being remarkable long and large. It is called the Hornet moth from its similitude to that infect. The caterpillar feeds within the body of the poplar tree, changes into chrysalis about the 20th of May, and the moth appears the middle of July. I have given a drawing of the wings of the hornet, that the wings of the one may more easily be compared with those of the other. See Linn. syst. sphinx. Apiformis.

Fig. 8 Expands three quarters of an inch. Upper side. The antennæ are black, and clubed toward the ends, tapering to a point at their extremities. The head and eyes are black. In the front of the head just below the roots of the antenna are two small silver streaks, one on each side. The thorax is black and glossy. The abdomen is long and black, having four neat rings of yellow. The anus is covered with a broad fanlike tuft of hair which is also black. The superior wings are long, very narrow and transparent like glass, but they do not shine. The fan-membranes are half concealed with a black cloud, which covers the end of each wing. The inferior wings are also transparent. The fringes are black. The caterpillar feeds within the woody branches of the currant tree during the winter. The moth
appears

font bordes de noir. Les ailes supérieurs sont transparentes commede la corne fine, & de la meme couleur, elles sont longues & e-troites, principalement vers les epaules. Les tendons & les franges sur les bords de-vantails, sont d'une couleur d'or foncée. Les bouts sont un peu ondées ; & paroissent opaque ; un nuage onde de la meme couleur que les tendons couvre la barre de chaque aile. Les ailes inférieures sont aussi transparentes, & les tendons & les franges d'une couleur egale a celles des ailes supérieures. Les pieds sont aussi de couleur d'or, & ceux de derriere remarquablement longs et larges. On l'appelle the hornet moth, ou la phalene frelon, par la similitude qu'elle a avec cet infecte. La chenille se nourrit dans le troncs du peuplier ; & se change en chrysalide vers le 20 de May, & la phalene paroit au milieu de Juillet. J'ai donné la representation des ailes du frelon, afin que les ailes de l'un puissent ce comparer plus aisement avec celle de l'autre. Voyez Linn. syf. sphinx Apiformis.

Fig. 8. Deploye ses ailes trois quarts d'un pouce. Le Dessus. Les Antennes sont noires, re-trousf: vers les bouts et en forme de pyramide appetissant en une pointe vers les extremités. La tête et les yeux sont noirs. Dans le front de la tete exactement dessus les racines des antennes on trouve deux petits traits d'argent une de chaque coté. Le corcelet est noir & lustré. L'abdomen est long & noir et a qua-tre anneaux nets d'une couleur jaune. L'a-nus est couvert d'une large touffe de cheveux en façon devantail et noir. Les ailes supé-rieures sont longues, fort etroites et tranipa-rantes comme du verre, mais ne luissent point. Les membranes devantails sont a-moitié cachèes d'une nùée noire qui couvre le bout de chaque aile. Les ailes inférieures sont aussi transparentes. Les franges sont noires. La chenille se nourrit dans le de
dans

Tab III

2, 3, 4, 5, *Coleophora*

2

3

5

1, *Alucita hexadactyla* grossi

6

6

8 *Sesia ichneumoniformis*

7 *Sesia apiformis*

May 1766
Mr Harris ec Vann

appears in May. It is called the leſſer humming bird. *See Linn. ſyſt. ſphinx. fuciformis.*

dans des branches de groſeillé pendant l'hyver la phalene paroit en May. On l'appelle *the little humming bird,* ou le petit colibri. *Voyez Linn. ſyſt. ſphinx Fuciformis.*

~~~~~~

T A B. IV.

Fig. c. *Expands about three inches.*

UPper ſide. The antennæ are very ſhort, not being above an eighth of an inch in length, and of a light brown colour. The eyes are of a dark brown. The neck and thorax are of the colour of yellow ocre. The ſuperior wings are of a gold colour, having divers ſtains or ſpots of bright browniſh red colour placed in various parts of them : but the moſt remarkable is a kind of bar which ariſing from the tips, croſſeth the fan tendons to the ſlip edge : in ſome ſpecies this bar comes not quite ſo low, for they vary very much from each other, ſo that two are hardly to be found whoſe markings are alike. The inferior wings are of a dusky pale brown, but towards the fan edges ſoften to a reddiſh tan colour. The abdomen is the ſame, being of a dusky pa'e brown towards the thorax but ſoftens near the anus to a reddiſh tan colour. The male ſeen at *d.* is conſiderably ſmaller. The antennæ, head, thorax and abdomen are in colour ſimilar to the female, but the wings are of a ſilver white, ſhining like ſatin. The fringes are yellow. The caterpillar is hatched from an egg very ſmall and perfectly round, it is of a dull white like rice or virgin wax when firſt laid, but
in

Fig. c, *Deploye ſes ailes environ trois pouces.*

LE *Deſſus.* Les antennes ſont fort courtes, n' ayant pas plus d'un huitiéme d'un pouce en longeur, et d'une couleur brune clairatre. Les yeux ſont d'un brun clair. Le cou et le corcelet ſont de couleur d'ocre jaune. Les ailes ſupérieures ſont de couleur d'or, et ont diverſes taches de couleur rouge brunatre vive, placées ſur diverſes parties ; mais ce qu'il y a de plus remarquable, eſt une eſpece de barre qui venant des bout croiſſe les tendons devantails juſqu' au bord. Cette barre ne deſcend pas tout a fait ſi bas dans quelques unes ; car ces phalenes varient beaucoup les unes des autres ; deſorte qu'a peinne peut-on en trouver deux qui ayent les memes marques. Les ailes intérieures ſont d'un brun pale obſcur, mais vers les bouts devantails elles s'adouciſſent en couleur rougatre halée. L'abdomen eſt dememe que les ailes inférieures juſque vers le corcelet et vers l'anus s'adoucit en couleur rougatre halée. Le male qui ſe voit a *d,* eſt conſiderablement plus petit. Les antennes, la téte, le corcelet, et l'abdomen ſont en couleur ſemblable a la femelle, mais les ailes ſont d'un blanc d'argent qui luit comme du ſatin. Les franges ſont jaune. La chenille eſt

F

in a few minutes after changes to a perfect black. The female in laying, difcharges them from the ovarie with great force, as a pellet is difcharged from a pop gun. The caterpillar feeds on the roots of the burdock, is of a cream colour and fomewhat gloffy. The head is nut brown, on the back clofe behind the head is a brown fhining mark of a hard callous fubftance. It changes in May to a dark brown chryfalis, as feen in the plate at 6, and the moth appears in June. It flies in the dufk of the evening playing in fome one particular fpot, over which it hovers up and down a long time together in kind of motion like a gnat. They particularly frequent church yards, where they may be found in plenty. It is called the Ghoft. *See Linn. pha. noct.* (*Humuli*)

eft ecorrée d'un oeuf tres petit, & tout a fait rond, et eft d'un blanc trifte comme le ris ou la cire vierge, quand elle fort de la coque ; mais quelques minutes apres fe change en beau noir ; lorfque la femelle les pond elle les defcharge de l'ovaria aucune grande force, femblable a une bale qui eft dechargée d'un carabinne. La chenille fe nourrit fur la racine du bardane ; elle eft d'une couleur de crême et un peu luftrée. La tête eft brun de noix. Sur le dos exactement derriere la tête fe trouve une marque brune luifante d'une fubftance calleufe dure. Elle fe change dans May en chryfalide brune qu'on peut voir a la planche 6, et la phalene paroit en Juin et vole a l'obfcurité du foir, joüant dans un endroit particulier fur lequel elle voltige allant et venant pendant long temps ; d'une efpece de mouvement femblable a un moucheron. Elles frequentent particuliéremen.t les cimetiéres, ou on peut les trouver en abondance. On l'appelle *the Ghoft*, ou l'efprit. *Le deffous.* Ce coté eft d'une couleur brune fale. *Voyez Lin. phal. noct. Humuli.*

Fig. e Expands an inch and one eighth.
Upper fide. The antennæ are like fine threads, and about three eighths of an inch in length. The head and thorax are regularly fprinkled with red yellow and black. The fuperior wings are of a fine deep blood colour inclining to crimfon ; acrofs them from the fector to the flip edge run feveral irregular and broken bars of a yellowifh white, particularly one near the fan edge which runs parrallel with it in a ferpentine form. About the middle of each wing is a fmall round fpot of white, in the centre of which is a black one. The inferior wings are of a golden yellow colour, having a broad border of black which covers almoft half the wings. The fringes are yellow. The abdomen is of a dark dufky brown, the edges or fringes of the annuli being yellow appear like rings. The fringes of the fuperior

Fig. e, deploye fes ailes un pouce & un huitiéme.
Le deffus. Les antennes font comme de petits fils, et environ trois huitiémes d'un pouce en longeur. La tête et le corcelet font reguliérement arrofés de rouge, de jaune & de noir. Les ailes fuperiéures font d'une belle couleur de fang, portant fur le cramoife. A travers depuis le fecteur jufqu' au bord, il y a plufieurs barres irreguliéres qui les traverfent d'un blanc jaunatre ; particuliérement une parallele prés du bord devantail, en forme ferpentine. Vers le millieu de chaque aile on trouve une petite marque ronde blanche, dans le centre de laquelle on en trouve une autre noire. Les ailes inférieures font d'un couleur jaune d'or, et ont une bordure large de noir qui couvre prefque la moitie de l'aile. Les franges font jaunes. L'abdomen eft d'un brun obfcur foncée, les bouts ou franges des anneaux font jaunes,

rior wings are yellow alfo, having feven black fpots on each. I confider it as a non-defcript. The caterpillar is green and feeds on heath. The moth appears in June. *Under fide.* The body is of a pleafant light brown. The legs fpoted brown and white. The tongue is brown. The fuperior wings are of a deep brown, having a white fpot on the bar ten-don. The inferior wings are marked faintly like the upper fides. It is called the beautiful yellow under wing.

Fig. f. Expands about one inch and an half.
Upper fide. The antennæ are about one eighth of an inch in length and thinly pecti-nated. The head and thorax are of a dark orange. The abdomen is of a dufky brown. The fuperior wings are of a deep gold colour having a bar of a yellowifh hue, edged with brown, reaching from the tip to the flip-edge, from whence turning fuddenly runs up to the fhoulder ligament, forming an angle whofe point is on the middle of the flip-edge: with-in this is another fmall angle, the limbs of which proceeding from the fector edge meet in the middle of the wing. Along the fan-edge clofe to the fringe are feven fmall duf-ky fpots. The inferior wings are of a pale dufky brown. *Under fide.* This fide is to-tally of a pale dufky brown, the edges of the wings being rather lighter than the parts to-wards the body. It flies in the evening in June, and is called the golden fwift. I have not feen it any where defcribed. This defcrip-tion is taken from a female.

Fig. g, Expands one inch and a quarter.
Upper fide. The antennæ are like fine threads and are about a quarter of an inch
in

jaunes et paroiffent comme des bagues. Les franges des ailes fupérieures font auffi jaunes et ont fept marques noires fur chaqu' une. Je la confidere comme non decrite. Cette defcription eft prife d'un male. La chenille eft verte et fe nourrit fur la bruyere. La phalene paroit en Juin. *Le deffous.* Le corps eft d'un brun clair agreable. Les jam-bes marquées de brun & de blanc. La trom-pe eft brune, et eft en forme fpirale entre les antennules. Les ailes fupérieures font d'un brun couvert, et ont une marque blanche fur le tendon de la barre. Les ailes inferieures de ce cote ont une foible refemblance du deffus. On l'appelle *the beautiful yellow un-derwing*, ou le beau jaune fous aile.

Fig. f, deploye fes ailes environ un pouce et demi.
Le deffus. Les antennes font environ un huitiéme d'un pouce de long mediocrement pectinees. La tête et le corcelet font d'une couleur d'orange obfcure. L' abdomen eft d'un brun obfcur. Les ailes fupérieures font d'une couleur d'or foncée, et ont une barre de jaune bordée de brun, qui commence de-puis le bout jufqu'au bord, et dela fe tour-nant fubitement va jufqu'au ligament de l' epaule, et forme un angle qui a la pointe au milieu du bord. Dans le dedans de celle ci il y a un autre petite angle; les membres duquel procedent du bord fecteur, et fe ren-contrent au millieu de l'aile. Le long du bord devantail pres de la frange fe trouve fept petite marques obfcures. Les ailes in-ferieures font d'une couleur brune pale et ob-fcure. *Le deffous.* Ce coté eft entierément d'un couleur brune obfcure, les bouts des ailes font plutôt plus claires que les parties vers la corps. Elles volent le foir dans Juin, et on l'appelle *the golden fwift*, ou l' hiron-delle doré. Je ne l'ai vue nulle part decrite. Cette defcription eft prife d'une femelle.

Fig. g, Deploye fes ailes un pouce et un quart.
Le deffus. Les antennes font comme de petits fils, et font environ un quart de pouce
de

in length. The general colour of this moth is a very light ash, almost white, and all the markings of a paleish dirty brown. Acrofs the middle of the fuperior wings is a broad bar, the fides of which are indented. In the middle of this bar is a round white fpot having a black one in its center. The inferior wings are a little dusky on the fan edges, and the fringes a little dentated. A male. N. B. This moth is not the fame with the ranunculus defcribed by Wilks, neither have I feen it any-where defcribed.

de long. La couleur generale de cette phalene eft de cendre claire prefque blanc, et toutes les marques font d'un brun pale et fale. A travers le millieu des ailes fupérieures ce trouve une barre large, les cotes de laquelle font dentelées. Dans le millieu de cette barre, ce trouve une marque blanche ronde et qui en contient un autre dans fon centre. Les ailes inférieures font un peu obfcure fur les bords devantails. Les franges font un peu dentelées. Cette defcription a été prife d'un male. Note. Cette phalene n'eft pas la meme que le Ranunculus decrit par Wilkes. Ni je ne le trouve decrite nulle part.

T A B. V.

Fig. 1. *Expands one inch and a quarter.*
Upperfide. The antenne are like fine threads. The head and thorax are dark brown. The abdomen is of a dirty brownifh white. The fuperior wings are of a yellowifh white, having a dark brown cloud on the fhoulder part, and a broadifh bar which croffeth the wings on the fan membranes, appearing like lace; the edge of this bar toward the fhoulder is pale orange. The inferior wings are a light brown, having a lightifh bar along the fan-edges, in which are five faintifh fpots. Thefe wings are dentated. *Underfide.* This fide is a faint refemblance of the upper. This defcription is taken from a male. It flies in June, and is called the large blue border'd. I have not feen it any where defcribed.

Fig. 1. *Deploye fes ailes un pouce et un quart.*
Le Deffus. Les antennes font en filets fins. La téte, et le corcelet font d'un brun obfcur. L'abdomen eft d'un blanc fale et brunatre. Les ailes fupérieures font d'un blanc jaunatre, et ont une nuée d'un brun obfcur fur les parties des epaules, et une barre un peu large qui traverfe les ailes fur les membrannes devantails et paroit comme de la dentele, le bout de cette barre vers les epaules eft couleur d'orange pale. Les ailes inférieures font d'un brun clair, et ont une barre blanchatre le long des bords devantails, dans laquelle font cincq marques pales. Les ailes font dentelées. Le deffous. Ce cote a une refemblance approchante du deffus. Cette defcription eft prife d'un male. On la trouve en Juin. Je ne l'ai pas vue decrite. On l'appelle *the blue border'd*, ou le bleu bordé.

Fig.

Fig.

Tab IV

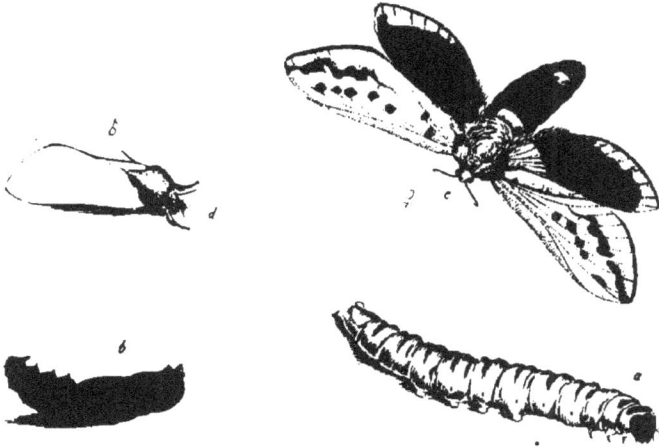

a, b, c, d   Hepialus humuli ♂ ♀

f, Hepialus sylvinus.

e, Anarta myrtilli

g Polia serena

(21)

Fig. 2. Expands two inches and one quarter.

Upper side. The antennæ are like fine threads. The head and neck are light brown: The thorax is dark brown. The abdomen is of a deep gold colour. The superior wings are of a warm yellow brown, clouded with shades of a deeper brown. A narrow angulated bar crosseth the wings within a quarter of an inch of the fan-edge of a light brown colour. The inferior wings are of an orange gold colour, having a broad border on the fan-edges near half an inch deep, and of a fine deep velvet black. The fringes are orange colour. *Under side.* The superior wings are black surrounded by a broad border of light brown. The inferior wings are similar to their upper sides. The palpi, breast, legs and abdomen are cream colour. It hath a brown spiral tongue. It is called *the broad bordered yellow underwing.* Flies in August and is very scarce. I have not seen it anywhere described.

Fig. 3. Expands one inch and three quarters. *Upper side.* The antennæ are like threads. The palpi, thorax and superior wings, are of a light purple or blossom colour, beautifully varigated with dark brown shades. In the center of each wing is a mark of a silver appearance resembling the letter Y, having the tail a little separated from the upper part. The inferior wings and abdomen, are of a lightish brown colour, but towards the fan-edges are much darker. The thorax is crested. It is extremely scarce. *Under side.* This side is totally of a light brown colour. The fringes are ash colour. It was sent me by a gentleman in Yorkshire and is an undoubted non-descript. N. B. The above described is a different species from the Phalena In-

Fig. 2. Déploye ses ailes deux pouces et un quart.

Le dessus. Les antennes font comme de petits fils. La téte et le cou font d'un brun clair. Le corcelet est brun obscur. L'abdomen est d'une couleur d'or foncé. Les ailes fupérieures font d'un brun jaune vif, couvert en nuage de brun plus foncé. Une barre etroite anguláire croisse les ailes d'un quart de pouce du bord devantail, d'une couleur brune clair. Les ailes inférieures font d'une couleur d'orange d'or, ayant une bordure large fur les bouts devantails apeu pres d'un demi pouce de profondeur, et d'un beau velour noir. Les franges font couleur d'orange. *Le dessous.* Les ailes fupérieures font noires, environnées d'une bordure large, d'un brun clair. Les ailes inférieures font d'orange avec une bordure large de noir. Les antennules la poitrinne les pieds et l'abdomen font couleur de creme. On a une trompe spirale et brune. On l'appelle *the broad bordered yellow underwing,* ou le borde large fous aile jaune. Elle vole en Aout et est fort rare. Je ne l'ai vue decrite dans aucun endroit.

Fig. 3. Déploye ses ailes un pouce et trois quart. *Le dessus.* Les antennes font comme de petits fils. Les antennules le corcelet et les ailes fupérieures font d'un pourpre claire ou couleur de fleur; agreablement bigarré de teints dombres bruns obscurs. Dans le centre de chaque ailes on trouve une marque d'apparance d'argent, qui resemble a la lettre Y, qui a la quéue un peu feparée de la partie fupérieure. Les ailes inférieures et l'abdomen font d'un brun clairatre, mais vers les bouts devantails font beaucoup plus noir. Le corcelet est crété. *Le dessous.* Ce coté est entiérement d'une couleur brune claire. Les franges font couleur de cendre. Il me fut envoyé par un gentlehomme du comté de York, et il n'est certainment decrit. Re-

G

Interrogationis of *Linnæus*, which fee page. 844. No. 129. of that author.

Remarque. Le deffus decrit eft une efpece differente du Phalena interrogationis de *Linnæus*, lequel voyez dans la page 844. No. 129.

Fig. 4. *Expands an inch and a quarter.*
Upper fide. The antennæ are pectinated. The Thorax is dark brown. I could not perceive any tongue. The fuperior wings are of a deep yellow, having a border of black on the fan edges about an eighth of an inch deep. The inferior wings and abdomen are alfo of a deep yellow, but the fringes are not fo dark. *Under fide.* The head, body and legs are of a yellow olive colour. The fuperior wings are deep yellow, being finely powdered with black fpecks. The inferior wings are alfo yellow, and freckled or powdered with fmall black ftrokes parellel to each other. Down the middle of every membrane is a ftripe of white. There are two broods a year of this moth; one in May, the other in Auguft. It is called the *frofted yellow*, I cannot find it any where defcribed. This defcription was taken from a male.

Fig. 4. *Deploye fes ailes un pouce et un quart.*
Le *deffus.* Les antennes font pectinées. Le corcelet eft brun obfcur. Je n'ai pu m' appercevoir d'aucu'une trompe. Les ailes fupérieures font d'une jaune foncé, et ont une bordure de noir fur les bouts devantails d' environ un huitiéme de pouce de profondeur. Les ailes inférieures et l'abdomen font de la meme couleur jaune foncée mais la bordure fur le bout devantail n'eft pas fi foncé. Le *deffous.* La tête le corps et les jambes font de couleur jaune d'olive. Les ailes fupérieures font jaune foncé, et joliment poudrées de taches noires. Les ailes inférieures font jaune, et pleine de rouffeurs ou poudrées de petites marques noires paralleles les unes aux autres. Au bas du milieu de chaque membrane fe trouve une raye blanche. Il y a deux couvées en l'année de ces Phalenes, l' une en May & l'autre en Aout. On l'appelle *the frofted yellow*, ou le jaune gelé. Je ne la trouve decrite nulle part. Cette defcription a été prife d'un male.

Fig. 5. *Expands an inch and an half.*
Upper fide. The antennæ are like fine threads. The head and thorax are brown. The neck is bordered with white. The fuperior wings are dark brown, beautifully variegated with light afh colour, not eafily defcribed. The inferior wings and abdomen are light brown, having no markings on them. *Under fide* This fide is totally of a light brown. It hath a fpiral tongue. This defcription was taken from a male. It is an undoubted non-defcript.

Fig. 5. *Deploye fes ailes un pouce et demi.*
Le *deffus.* Les antennes font comme de petits fils. La tête et le corcelet font brun. Le cou eft bordé de blanc. Les ailes fupérieures font d'un brun obfcur, agreablement bigarré de couleur de cendre claire, pas aifé a decrire. Les ailes inférieures et l'abdomen font d'un brun clair, fans aucu'une marque. Le *deffous.* Ce coté eft entierement d'un brun clair. Elle a une trompe fpirale. Cette defcription eft prife d' un male. Elle n'eft certainment point decrite.

Fig. 6. *Expands an inch and an half.*
Upper fide. The antennæ are like threads. The head and thorax are of a dark dirty brown.

Fig. 6. *Deploye fes ailes un pouce et demi.*
Le *deffus.* Les antennes font comme des fils. La tête et le corcelet font d'un brun obfcur

brown. The fuperior wings are white, having a dark brown fpot covering the fhoulder part. Near the middle of each wing is a triangular fpot of dark brown having one of its fides fituated on the fector edge, and one of its angles approaching the center of the wing. Along the fan edge of each wing is a broad border of the fame, having a gap or vacancy about the middle part, forming a fquarifh white fpot. The inferior wings are alfo white having a paleifh brown border along the fan edge, and feveral other waved tender bars croffing the wing parallel thereto. The abdomen is alfo white. *Under fide.* The head and eyes are dark brown. It hath a fpiral tongue. The fuperior wings are of a paleifh dirty brown, having a whitifh bar croffing each of them, within a fixth of an inch of the fan edge. The inferior wings are white, having a few dark waved lines croffing them, and a longifh black fpeck in the center of each. This defcription was taken from a female. Taken in the month of June. It is called the *Clifden Beauty.*

Fig. 7. Expands one inch and a quarter.
Upper fide. The antennæ are pectinated. The eyes are black. The head and thorax are dark brown. The fuperior wings are alfo dark brown, having fome marks of a brownifh white colour, which proceeding from the thorax to the middle of the wing, appear like branches of a tree, or rather like the antler of a ftag. The inferior wings and abdomen are of a dark brown, not having any vifible markings on them. It was fent me by Mr. Bolton of Hallifax in York-fhire, to whom I am obliged for many favours of this kind. *The antler. Under fide.* This fide is totally of a lightifh brown, but dark-

obfcur et fale. Les ailes fupérieures font blanches, et ont une marque brune obfcure qui couvre la partie de l'epaule. Pres du milieu de chaque aile, il y a une marque triangulaire de la meme couleur, qui a un de fes cotés fitué fur le bord fecteur, et un de fes angles qui approche le centre de l'aile. Le long du bout devantail de chaque aile on trouve une bordure large, qui a une ouverture vers la partie du milieu qui forme une marque blanche carrée. Les ailes inférieures font auffi blanche et ont une bordure brune pale le long du bout devantail et plufieurs autres barres ondées foibles qui croifent l'aile parallelement. L'abdomen eft auffi blanc. Le *deffous.* La tête et les yeux font d'un brun obfcur. Elle a une trompe fpirale. Les ailes fupérieures font d'un brun pale, et fale, et ont une barre blanchatre qui les croifes chacu'une; de la diftance d'un fixieme d'un pouce du bout devantail. Les ailes inférieures font blanches, et ont quelques lignes obfcures et ondées qui les croife, et une tache noire dans le centre un peu longue. Cette defcription eft prife d'une femelle. On la prend dans le mois de Juin, et on l'appelle *the Cliefden beauty,* ou la beaute de Cliefden.

Fig. 7. Deploye fes ailes un pouce et un quart.
Le *deffus.* Les antennes font pectinées. Les yeux font noirs. La tête et le corcelet font d'un brun obfcur. Les ailes fupérieures font auffi d'un brun obfcur, et ont quelques marques d'une couleur blanche brunatre, qui en procedant du corcelet jufqu'au milieu de l'aile paroiffent comme les branches d'un arbre, ou plutôt, comme les andouilliers d'un cerf. Les ailes inférieures et l'abdomen font d'un brun obfcur, et n'ont aucu'une marques vifibles. Elle me fut envoyée par Mr. Bolton de Hallifax au comté de York, a qui je fuis redevable de plufieurs faveurs de cette efpece. *The antler,* ou l'andouiller. Le *deffus.* Ce

cote

darkish near the edges of the wings. All the fringes are light brown. A male.

cote eft tout entier d'un brun clairatre, mais plus obfcur pres du bout des ailes. Toutes les franges font d'un brun clair. Cette defcription a été prife d'un male.

Fig. 8. *Expands about an inch and one eighth.* *Upper fide.* The antennæ are like fine threads. The eyes head and thorax are the colour of cork. The fuperior wings are of a fine copper brown, on the fector edge of each are two triangular yellowifh white fpots, the firft about the fixth of an inch from the fhoulder, the fecond about the fame diftance from the firft. The inferior wings and abdomen are of a pale dirtyifh brown, without any vifible markings thereon. *Under fide.* The palpi are of a buff colour, having a fpiral tongue between them. The breaft, legs, and abdomen of a very light brown. The fuperior wings are of a lightifh copper colour, but the middle parts are darker. On the fector edge, within about an eighth of an inch of the tip, are two fmall whiteifh fpots. The inferior wings are of the fame colour as on the upper fide. It is called the *white fpotted pinion.* The Caterpillar feeds on elm leaves, changes to chryfalis the latter end of June, and the Moth appears the begining of July. I believe it has no where been defcribed.

Fig. 8. *Deploye fes ailes environ un pouce et un huitiéme.* *Le deffus.* Les antennes font comme de petits fils. Les yeux la tété et le corcelet font couleur de liege. Les ailes fupérieures font d'un beau brun de cuivre. Sur le bord fecteur de chacu'une fe trouve deux marques triangulaires d'un blanc jaunatre, la premiere eft de la diftance d'un fixiéme d'un pouce de l'epaule, et la feconde de la meme diftance de la prémiere. Les ailes inférieures, et l'abdomen font d'un brun pale et obfcur fans aucu'une marque qui y foit vifible. Le deffous. Les antennules font d'une couleur de buffle, et ont une trompe fpiralé entre elles. La poitrine les jambes et l'abdomen font d'un brun fort clair. Les ailes fupérieures font d'une couleur de cuivre clairatre; mais les parties du milieu font plus obfcures. Sur le bord fecteur environ le huitiéme d'un pouce du bout ; fe trouve deux petites marques blanchatres. Les ailes inférieures font de la meme couleur que celle de deffus. On l'appelle *the white fpotted pinion,* ou le blanc pignon marqué. La chenille fe nourrit fur les feuilles de l'orme, et fe change en chryfalide a la fin de Juin, et la phalene paroit dans le commencement de Juillet. Je crois qu' elle n'a jamais été decrite ailleurs.

T A B. VI.

Fig. 3. *Expands about half an inch.* *Upper fide.* The Infect is enlarged at *fig.* 1. as viewed through a Microfcope. It has no antennæ, tongue, chaps, or probofcis, that

Fig. 3. *Deploye fes ailes environ un demi pouce.* *LE Deffus.* Cet infecte eft groffi a la *fig.* 1. comme vue au microfcope. Il n'a point d'antennes langue machoires ou trompe que

Tab. V

1, *Melanipa reshata*

2. *Triphaena fimbria*

3, *Plusia interrogationis*

4. *Fidonia conspicuata*

5, *Agrotis porphyrea*.

6. *Melanippa procellata*

7. *Charaeas graminis*

8. *Cosmia diffinis*.

that I could difcover. The head is flat, and very thin. The eyes on the upper fide the head, appear in the form of crefcents. The head is immovable. The thorax is gibbofe and thick. The abdomen cr fifts of nine annuli, at the extremity of which are three hair like tails. The legs, which are fix in number, are long and flender. The wings, which are large and ample, are of a deadifh white, very thin and tranfparent, and no more than two in number. I know not what genus this refers to, as the generical charaĉlers anfwereth to none in *Linnæus's Syftema*, but in my opinion it is an *ephemeron*. It flew within fide my window.

Fig. 2. Expands one inch and a quarter.
Upper fide. The palpi are long, and turn upward. The thorax and fuperior wings are of an umber colour ; the latter having three black lines croffing each, from the feĉtor to the flip edge ; that which croffeth the middle of the wing being crooked. The inferior wings are fomewhat light. This moth is remarkable for two tufts, or feather like appendages, which proceed from the breaft, and protrude themfelves out beyond the head. It hath formerly been falfly called the *fanfooted*. I have not feen it any where defcribed.

Fig. 4. Expands two inches.
Upper fide. The antennæ are like threads. The horax is of a dark brown, and crefted. The fuperior wings are alfo of a dark brown, having towards their extremities a fpot of about a quarter of an inch fquare, which appears of a brafly hue. The abdomen and inferior wings are of a lightifh yellow brown. This is the firft I ever faw. It was taken in June. It hath a fpiral tongue. *The fcarce burnifhed brafs.*

Fig. 5. Expands one inch and an half.
Upper fide. The antennæ are like fine threads,

que fe pouvois decouvrir. La tête eft platte et fort mince. Les yeux fur le deffus de la tête paroiffent en forme de croiffants. La tête eft immobile. Le corcelet eft boffu et gros. L'abdomen eft compofé de neuf anneaux à l'extremité defquels il fe trouve trois queues comme des poils. Les pieds au nonbre de fix font longs et deliés. Les ailes font deux, grandes et etendues,d'une couleur blanche obfcure, fort minces et tranfparentes. Je ne fcai pas a quel genre remettre cet infeĉte comme fes caraĉteres generiques ne repondent à aucun dans le *fyfteme de Linné* mais en mon opinion, il eft un *ephemeron*. Je lay pris volant fur ma fenetre.

Fig. 2. Deploye fes ailes un pouce et un quart.
Le deffus. Les antennules font longues et tournent par haut. Le corcelet et les ailes fupérieures font couleur d'ombre,et les ailes ont chacune trois lignes noires qui les traverfent du bord tranchant au bord gliffanr, celle qui traverfe le milieu de l'aile etant courbee. Les ailes inférieures font d'une couleur plus claire. Cette Phalene eft remarquable pour deux touffes de plumes qui procedent de la poitrine, et s'allongent au dela de la tête. Au tems paffé on la nomma faulfement le *fanfooted*, ou pie en eventail. Je ne la trouve aucunement decrite.

Fig. 4. Deploye fes ailes deux pouces.
Le deffus. Les antennes font en filet. Le corcelet eft brun obfcur et en crete. Les ailes fupérieures brun obfcur ayant vers leurs extremités une tache environ un quart d'un pouce en carre qui paroit couleur de bronze. L'abdomen et les ailes inférieures font brun jaunatre claire. Ceft le premier que jay jamais vue. Il fut pris en Juin. Il a une langue fpirale. Je le nomme *the fcarce burnifhed brafs*, le bronze eclairci rare.

Fig. 5. Deploye fes ailes un pouce et demi.
Le deffus. Les antennes font en filets fins et

H

threads, and the moth is totally of a darkish green. The superior wings hath two darkish lines crossing the middle of each, which, softening gradually towards each other, appear to compose a bar better than a quarter of an inch broad. In the center of the wing, is a small black dot. The inferior wings hath a dark line crossing the middle of each. It is called *the green carpet*. It hath no tongue. I cannot find it any where described.

Fig. 6. Expands one inch and a quarter. Upper side. The antennæ are like fine threads. The head, thorax, and abdomen are black. The superior and inferior wings are white, having the fan and sector edges covered with large spots, or clouds of black. It is called the *clouded border*, and is found in woods the end of June. I have not seen it any where described.

Fig. 7. Expands one inch and a quarter. Upper side. The antennæ are like small threads. The superior wings are each as divided into three portions. The first towards the thorax, is of a darkish brown, edged with a darker bar of black. The second, or middle, is of a pale brown. The third, or outer portion, is also of a dark brown, edged towards the body, or thorax, with a double line, which towards the sector edge are united in one undulated line, appearing like a long narrow flag, called a streamer. It hath a spiral tongue. They are found, by beating the hedges about the end of April. I have not seen it any where described. It is called *the streamer*.

et la phalene est entierement d'une couleur verdatre foncée. Les ailes supérieures ont deux lignes obscures traversant le milieu de chaque aile lesquelles s'adoucissant, envers l'une l'autre paroissent former une barre au dela d'un quart d'un pouce en largeur. Dans le centre de l'aile, il y a un point. Les ailes inférieures ont une ligne obscure qui traverse le milieu de chacune. Elle s'appelle *the green carpet*, ou le tapis vert. Elle n'a point de langue et je ne la trouve decrite.

Fig. 6. Deplove ses ailes un pouce et un quart. Le dessus. Les antennes sont en filets fins. La tête, le corcelet, et l'abdomen sont noirs, Les ailes supérieures et inférieures sont blanches ayant les bords deventail, et les bords tranchants couverts de grandes taches ou nuages noirs. Il s'appelle *the clouded border*, ou le bord nebulé etse trouve dans les bois a la fin de Juin. Je ne le trouve aucunement decrit.

Fig. 7. Deploye ses ailes un pouce et un quart. Le dessus. Les antennes sont comme des petits filets. Les ailes supérieures sont divisées en trois portions. La premiere portion vers le corcelet est de couleur brune foncée bordée d'une barre noire. La seconde ou du milieu est brun pale. La troisieme, ou portion exterieure est aussi d'une couleur brune foncée bordée vers le corps ou corcelet d'une ligne double, laquelle vers le bord tranchant est unie dans une seule ligne ondulée, et paroit comme un pavillon ou banderole. Il a une langue spirale. Ils sont trouves en frappant les haïes vers la fin d'Avril. Je ne le trouve decrit. Il s'appelle *the streamer*, ou la Banderole.

T A B.

T A B. VII.

D I P T E R A: TABANI.

A wing of the Tabani with its Tendons, carefully delineated.

GENERICAL CHARACTERS.

The head of a tabanus is large and flat, something like a button. It is concave on the back, or hinder part, so as to admit the neck and thorax. The eyes have not the surrounding fillets. The mouth is armed with two sharp horny points, with which it wounds or pierces the skin of those animals on which it settles, to the quick; at which time these points, parting with great strength, open the wound, so as to admit its tongue, which is also composed of a strong horny substance, hollow, and sharp pointed, but furnished with two spongy lips. This the insect strikes into the wound, and drinks the blood issuing therefrom, This is performed so nimbly, that the insect is no sooner settled, but the blood is seen to start from the wound. The wings are margineted quite round. The abdomen is composed of seven annuli, exclusive of the anus. They have not the stemmata, or little eyes. The male is discovered by the eyes meeting together. The length of each insect is taken from the frontlet to the anus.

Une aile de Taon avec ses tendons, soigneusement figurée.

CARACTERES GENERAUX.

La tête d'un taon est grande et platte quelque chose semblable a un bouton, elle est concave en arrière, pour admettre le col et le corcelet. Les yeux n'ont point leur cercles ou bandeaux qui les entourent. La bouche est armée de deux pointes aigues, qui tient de la nature de la corne, avec lesquelles il blesse, ou perce la peau de ces animaux, sur lesquels il se fixe. jusq'au vif, au meme tems ces pointes s'ecartant avec unde grande force ouvrent la plaie de telle maniere que d'admettre sa langue, qui est aussi composée d'une substance qui tient de la nature de la corne tres forte, elle est creuse, pointue, et fournie de deux levres spongieuses. Cet insecte perce sa langue dans la plaie, et boit le sang qui coule. Il le fait avec tant de legereté, qu'aussitot quil se fixe, on voit le sang couler de la plaie. Les ailes ont les bords tout a fait ronds. L'abdomen est composé de sept anneaux, exclusif de l'anus. Ils n'ont point les stemmata, ou petits yeux. Le male se reconnoit par les yeux qui se joignent. La longuer de l'insecte est prise du front a l'anus.

BOVINUS. *Fig.* 1. *Measures twelve lines.*

THE *thorax* is of a lightish dirty brown, having four dark lines thereon. The *wings* are clear. The *abdomen* is black, down the middle part are six triangular spots of a light brown, between these and the sides is a line of larger spots of the same colour, and of an uncertain form. This is a male. See *Linnæus, tab.* 4.

TRO-

BOVINUS. *Fig.* 1. *Longueur douze lignes.*

LE *Corcelet* est d'une couleur brun sale claire ayant quatre lignes obscures. Les *ailes* sont claires. L'abdomen noir, le long du milieu sont six taches triangulaires brunes claires, entre elles et les côtes il y a une rangee de taches plus grandes de la meme couleur et irregulieres. Cet insecte depeint est un male. Voyez Linné, *tab.* 4.

TRO-

(28)

TROPICUS. *Fig.* 2. *Meafures nine lines.*
The *thorax* is of a dirty brown. The *abdomen* hath a broad black lift down the upper part, from the thorax to the anus, along the middle part of which are placed four or five yellowifh fpots. The fides of the abdomen are covered with orange colour. The *wings* are of a fmoaky tinge, having a brownifh fpot on the fector edge. This was a male. See *Linn. tab.* 14. The caterpillar feeds under ground in moift woods, and is a great plague to horfes in the furrounding meadows.

SANGUISORBA. *Fig.* 3. *Meafures nine lines.*
The *eyes* are of a brownifh orange colour. The *thorax* and *abdomen* are of a brownifh olive. The latter, having a large oblong fpot on each hip, of an orange colour. The *wings* are clear, and their fector edges orange colour. This was a female. I have not feen it any where defcribed.

AUTUMNALIS. *Fig.* 4. *Meafures nine lines.*
The *thorax* and *abdomen* are of a lightifh dirty brown. The former having fome dark markings thereon, and the latter having three whitifh fpots on each annulus. The *antennæ* are long. The *wings* are clear. This was a *female*. The fore legs of this tabanus and the fanguiforba appear to have a joint more in them, than in any other of the tabani. See *Linnæus, tab.* 5.

NUBILOSUS. *Fig.* 5. *Meafures feven lines and an half.*
The *antennæ* are about one line and an half in length. The *eyes* are of a moft beautiful green, fpotted with a lovely red. The *thorax* is dark and glofly, having three black ftreakes thereon, meanly covered with hair of an orange colour. The *wings* are white, or transparent, having on each three large black cloud like fpots, which in the male almoft totally covers them.
The

TROPICUS. *Fig.* 2. *Longueur neuf lignes.*
Le *corcelet* eft brun fale. L'*abdomen* a une bande large et noire qui court le long de la partie fupérieure du corcelet a l'anus, fur le milieu duquel quatre ou cinq taches jaunatres font placées. Les cotes de l'abdomen font couverts d'une couleur d'orange. Les *ailes* font de couleur de la fumée, avec une tache brunatre fur le bord tranchant. Cet infecte etoit un male. Voyez *Linné. tab.* 14. la chenille fe nourrit fous terre en des bois moites, et font des grands tourments aux chevaux dans les prairies voifines.

SANGUISORBA. *Fig.* 3. *Longueur neuf lignes.*
Les *yeux* font d'une couleur brunatre orange. Le *corcelet* et l'*abdomen* olive, le dernier ayant une grande tache oblongue fur chaque hanche couleur d'orange. Les *ailes* font claires et leurs bords tranchants couleur d'orange. Cet infecte etoit une femelle. Je ne le trouve decrit, par aucun auteur.

AUTUMNALIS. *Fig.* 4. *Longueur neuf lignes.*
Le *corcelet* et l'*abdomen* font de couleur fale brune claire, le premier ayant quelques marques foncées et le dernier trois taches blanchatres fur chaque anneau. Les *antennes* font longues. Les *ailes* claires. Cet infecte etoit une femelle. Les pieds de devant de cette efpece et du fanguiforba paroiffent avoir une articulation plus que les autres efpeces de tabani. Voyez *Linné, tab.* 5.

NUBILOSUS. *Fig.* 5. *Longueur fept lignes et demi.*
Les *antennes* font environ un ligne et demi en longueur. Les *yeux* font d'une tres belle couleur verte tachetes d'une tres belle couleur rouge. Le *corcelet* eft de couleur obfcure, et luftré, avec trois lignes noires foiblement couvert de poil couleur d'orange. Les *ailes* font blanches ou tranfparentes, avec trois grandes taches noires comme des nuages, fur chacune

Tab. VI

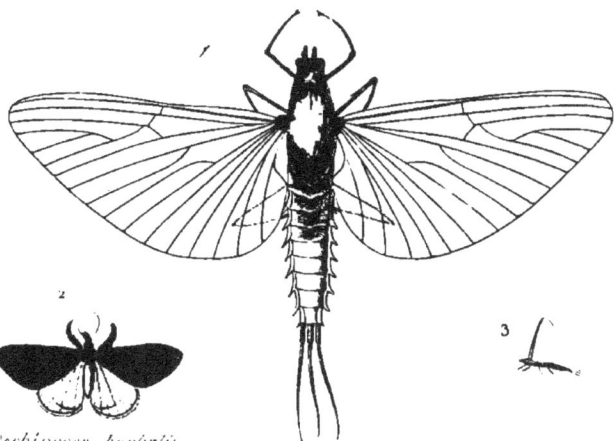

2. *Pechipogon barbalis.*

5. *Pseudoterpna cytisaria*

4. *Plusia aurichalcea*

7. *Anticlea derivata*

6. *Lomaspilis marginata*

M.ᵒ Harris del. et Sculp.ᵗ

Tab VII

TABANI

The *abdomen* is of a dark brown, having a large orange coloured fpot on each hip, and a fmall round one between them on the upper part. The *legs* are black. This was a female. They are taken in June, and are often found feeding in flowers.

SANGISUGA. *Fig. 6. Meafures eight lines.*
The *antennæ* are about two lines in length. The *thorax* nearly black, having three whiteifh lines on the upper part. The *wings* are of a dark dufty colour fpeckled all-over with whiteifh fpecks. The *abdomen* is alfo of a dark dufty black, having a whiteifh line or lift down the middle from the thorax to the anus, and a fmall fpot of the fame colour on each fide every anulus. The margin of each anulus is alfo whiteifh. This was a female. They are found in June.

CÆUTIENS. *Fig. 7. Meafures five lines.*
The *antennæ* are in length about one line. The *thorax* of a dark dirty brown, without any markings thereon. The *wings* are brown marbled with white. The *abdomen* is of a dark brown, having two whiteifh fpots on each anulus incircled with black. The *legs* of a light brown clouded like tortoifefhell. This was a female. *See Linn. Tab. 17.*

PLUVIALIS. *Fig. 8. Meafures four lines.*
The *antennæ* are long, meafuring about two lines, the roots thick and globofe. The *thorax* is black, with three whiteifh lines thereon. The *abdomen* is blackifh, or rather of a dufly brown, having two whiteifh fpots on each anulus incircled with black. The wings are lead colour freckled with white. This was a female. *See Linn. Tab. 16.*

I

chaqune qui dans l'infecte male les couvrent prefque entierement. L'*abdomen* eft brun foncé ayant une grande tache couleur d'orange fur chaque hanche, et une autre tache petite et ronde entre elles fur la partie fuperieure. Les *pieds* noirs. Cet infecte etoit une femelle. Ils font pris en Juin, et generalement trouvés fe nourriffant fur les fleurs.

SANGUISUGA. *Fig. 6. Longeur huit lignes.*
Les *antennes* font environ deux lignes en longeur. Le *corcelet* prefque noir, ayant trois lignes blanchatres fur la partie fuperieure. Les *ailes* font d'une couleur terreftre obfcure marquetées partout des marques blanchatres. L'*abdomen* eft auffi d'une couleur terreftre noire, ayant une ligne ou bande blanchatre qui court au milieu, du corcelet a l'anus, comme auffi une petite tache de la meme couleur de chaque cote de la bande, fur chaque anneau, et les bords des anneaux font blanchatres. Cet infecte etoit une femelle. Ils fe trouvent en Juin.

CÆUTIENS. *Fig. 7. Longeur cincq. lignes.*
Les *antennes* font environ une ligne en longeur. Le *corcelet* d'une couleur brune terreftre foncé fans aucunes marques. Les *ailes* font brunes marbrée de blanc. L'*abdomen* eft brun obfcur, avec deux taches blanchatres fur chaque anneau, environnées de noir. Les pieds brun clair varié comme lécaille de tortuë. Cet infecte etoit une femelle. *Voyez Linné. Tab. 17.*

PLUVIALIS. *Fig. 3. Longeur quatre lignes.*
Les *antennes* font longues environ deux lignes, leurs racines groffes et rondes. Le *corcelet* noir avec trois lignes blanchatres. L'*abdomen* noiratre ou plutot d'une couleur brune terreftre, avec deux taches blanchatres fur chaque anneau environnées de noir. Les *ailes* font de couleur de plomb picotée de blanc. Cet infecte etoit une femelle. *Voyez Linn. Tab. 16.*

TAB.

T A B. VIII.

L E P I D O P T E R A: PHALÆNA

Fig. 1. *Expands an inch and an half.*

UPper *fide.* The *antennæ* are like threads about half an inch in length. The *thorax* and *abdomen* are of a pale brown as are the wings in general. The *superior wings* are full of dark brown waved bars like a watered tabby filk, running acrofs the wings from the fector edge to the flip edge, the middlemoft being very broad. The *inferior wings* have alfo a number of thefe undulating bars, which cover the lower portion of the wings. It is taken in June, and called here, The *Clouded carpet.*

Fig. 2. *Expands one inch and an half.*
Upper fide. The *antennæ* are like threads. The *superior wings* are of a gold colour, having thereon fix white fpots, the largeft of which are nearly of the circumference of a tare, each fpot being bordered with a neat line. The *inferior wings* are white and of a radiant or pearly caft, having a broadifh unequal bar near the fan edge, bordered on the fide next the thoxax with a neat yellow line edged with a black one on each fide; another cloud edged and bordered in the fame manner, occupies the upper portion of the wing next the thorax. They are caught in June, and is c'led *the large China-Mark.*

Fig. 1. *Deploye fes ailes une pouce et demi.*

LE *deffus.* Les *antennes* font en filet et environ un demi pouce en longeur. Le *corcelet* et l' *abdomen* font brun pale comme auffi les ailes en général. Les *ailes superieures* font pleines de barres ondulées brunes, foncées comme un tabis ondé, qui courent autravers des ailes du bord tranchant au bord gliffant, la barre du milieu etant fort large. Les *ailes inferieures* ont auffi un nombre de ces barres ondées qui couvrent la portion inferieure des ailes. Elles font prifes en Juin, et s'appelle, *The Clouded Carpet,* ou le tapis couvert de nuages.

Fig. 2. *Deploye fes ailes un pouce et demi.*
Le *deffus.* Les *antennes* font en filet. Les *ailes superieures* d'une couleur d'or, avec fix taches blanches les plus grandes de que'les font a peupres de la circonference des yvraies, chaque tache etant bordée par une ligne tres fine. Les *ailes inferieures* font blanches et dune couleur reluifante ou nacrée avec une barre large mais inegale pres du bord d'eventail, bordée fur les cotes pres du corcelet par une ligne fine et jaune bordée de noir une de chaque côtè, un autre nuage ou environné de la meme maniere occupe la portion fuperieur de l'aile près du corcelet. Elles font prifes en Juin, et s'appelle *the large China-Mark,* ou la grande Marque Chinoife.

Fig. - *Fig.*

Fig 3. Expands one inch and an half.
Upper side. The *antennæ* are like fine threads. This *moth* is totally of an ash or greyish colour, having a number of neat waved bars crossing the wings parallel with each other, and placed two and two like double stripes. On each of the *inferior wings* are two of these undulated lines, which run parallel with and within a line distance of the fan or fringed edge. It is called *the grey waved.* I have not seen it any where described.

Fi. 3. Deploye ses ailes un pouce et demi.
Le dessus. Les *antennes* font en filet. Cette phalene est entierement d'une couleur grise ou de cendre avec un nombre de barres ondées fines, qui courent au travers des ailes. Elles font paralleles l'une a l'autre, et placées deux a deux comme des lignes doubles. Sur chacune des *ailes inferieurs* se trouvent deux de ces lignes ondées qui courent parallele a et environ, un ligne distante du bord d'evantail ou bord frangé. Elle s'appelle *the Grey waved*, ou la grise ondée. Se ne la trouve décrite par aucun auteur.

Fig. 4. Expands about one inch and a quarter.

Upper side. The *antennæ* are like threads. The *superior wings* are white, having a dark brown cloud next the thorax which covers half the wing. A small oblong spot occupies a part of the wing near the apex, and some feint marks near the fringe of the fan-edge. The *inferior wings* are also white, full of waved bars which are very feint, as if almost obliterated. They are found in May, and called *the short cloaked carpet.*

Fig. 4. Deploye ses ailes environ un pouce et un quart.
Le dessus. Les *antennes* font en filet. Les *ailes superieurs* font blanches, avec un nuage brun foncé près du corcelet, qui couvre la moitie de l'aile. Une petite tache oblongue occupe une partie de l'aile, pres du pointe superieur et il y a quelques marques foibles, près de la frange du bord d'evantail. Les *ailes inferieures* font aussi blanches et pleines de barres ondées qui font fort foibles ou comme effacées. Elles fe trouvent en May et s'appelle. *The short Cloak Carpet*, ou le tapis au manteau court.

Fig. 5. Expands one inch and a quarter.
Upper side. The *antennæ* are like threads. The *superior wings* are of a pleasant brownish white, having a broad bar of a chocolate colour, of an angular or chevron-like form, bordered on each side at a small distance from its edges with a neat line. A small double bar is in the midway between this and the thorax. The *inferior wings* are of a brownish white, void of any markings. It is called the *Chocolate bar.*

Fig. 5 Deploye ses ailes un pouce et un quart.
Le dessus. Les *antennes* font en filet. Les *ailes superieures* d'une couleur blanche brunatre tres agreable avec une barre large couleur de chocolat dune figure angulaire bordée de chaque côté à une petite distance de ses bords par une ligne fine. Une petite barre double fe voit michemin entre elle et le corcelet. Les *ailes inferieures* font blanches brunatres fans aucunes marques. Elle s'appelle *the chocolate bar* ou la barre de chocolat.

Fig. 6. Expands an inch and a quarter.
Upper side. The *antennæ* are pectinated. This *moth* is totally of a pale brown. The *superior*

Fig. 6. Deploye ses ailes un pouce et un quart.
Le dessus. Les *antennes* font formées en peigne. Cette phalene, est entierement brun pale.

fuperior wings having a broad bar of a dark brown colour croffing the middle of each, with irregular or undulated edges. The *inferior wings* are alfo of a pale brown, having a dark line which arifes at the abdominal edge and reaches fome way acrofs the middle of the wing. Taken in June.

Fig. 7. Expands about one inch.
Upper fide. The *antennæ* are like threads. The *thorax* and *fuperior wings* are of a redifh chocolate. The *abdomen* is red, having a black lift down the middle. The *inferior wings* are of a dark grey, the fides next the abdomen red, and two black fpots in the middle of each. N. B. This muft not be miftaken for that in my *Aurelian,* fig. (m) plate 27, being another fpecies. The caterpillar of this is remarkable for a red line down the middle of the back.

Fig. 8. Expands one inch and a quarter.
Upper fide. The *antennæ* are like threads. This *phalena* is totally of a fine pea green. The *fuperior wings* having two white lines croffing each, dividing them nearly into three equal parts. The *inferior wings* are angulated and hath a white line croffing the middle of each, or within a quarter of an inch of the fan-edge. This we call the *fmall emerald.*

pale. Les *ailes fuperieures* ont une barre large brune foncée qui traverfe le milieu de chacune; les bords de cette font barre irreguliers ou ondés. Les *ailes inferieures* font aufsi de couleur brune pale avec une ligne obfcure qui s' eleve au bord abdominal et court quelque longeur a travers le milieu de l' aile. Elle fut prife en Juin.

Fig. 7. Deploye fes ailes environ un pouce.
Le *deffus.* Les *antennes* font en filet. Le *corcelet* et les *ailes fuperieures* font couleur de chocolate rougeatre. *L'abdomen* eft rouge avec une bande noire au milieu. Les *ailes inferieures* gris obfcur; les côtès près de l'abdomen rouge, avec deux taches noires au milieu de chacun. N. B. Cette efpece ne fe doit pas meprendre pour celle dans mon livre le *Aurelian,* fig. (m) planche 27, etant une efpece diftincte : la chenille de celleci eft remarquable pour une ligne rouge qui court le long du milieu du dos.

Fig. 8. Deploye fes ailes un pouce, et un quart.
Le *deffus.* Les *antennes* font en filet. Cette Phalene eft entierement d'une belle couleur verte de pois. Les *ailes fuperieures* ont deaux lignes blanches qui les traverfent, et les divifant prefque entrois parties egales. Les *ailes inferieurs* font angulaires et ont une ligne blanche, qui traverfe le milieu de chacune, ou pres d'un quart d'un pouce du bord d'eventail-nous. Appellons cette pha- *the fmall emerald,* ou la petite emeraude.

TABLE IX.   PLANCHE IX.

Tab. VIII

1. Cidaria prunata

2. Hydrocampa nymphaelic.

3 Sporobia dilutata.

4. Cidaria picata

7 Arctia fuliginosa.

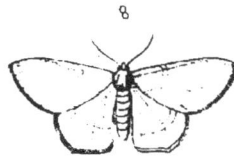

8 Iolis vernicia

T A B. IX.

D I P T E R A: Muscæ, Order I.

A wing of the first Order, with its Tendons, carefully delineated.

Generical Characters.

The abdomen *is divided into four* annuli, *exclufive of the* anus. The inferior edge *of the* wing *is not marginated.* The tongue *is flefhy, having two lips at its extremity formed for fucking liquids. It hath the ftemata or three little eyes on the top part of the head, which are the only organs of vifion this infect hath.*

It has been an opinion generally received and enforced by authors of good credit, that the two hemifpherical parts placed one on each fide the head, were the eyes of the mufca: whatever may be their office in any other genus it is not fo in this. I had formerly many doubts of this circum-ftance, both from the magnitude of the parts and their dull and languid appearance, with many other objections needlefs to mention. Determined to fatisfy myfelf of the truth, I caught one of the large blowing flies, or blue bottles, as they are vulgarly called, and with an opake fubftance com-pofed of white lead and gum water, carefully covered thofe hemifpherical parts all over. Then taking the infect to the fartheft part of the room from the windows, let it loofe. It was no fooner difengaged, but flew directly to the windows, forceably beating againft the glafs, as endeavouring for its enlargement. I then began to fear that I had not effectually covered the parts, and therefore caught it again, and examining the head clofely with a good magnifier, found that I had covered the parts fufficiently; at the fame time carefully viewing the ftemata (the parts which I had be-fore fufpected for eyes) confidered their fituation, their brilliancy, and how carefully nature had guarded them from harm, it was natural for me to conclude thefe were indeed the eyes. I then caught another fly of the fame kind and covered the ftemata carefully, then retreating from the windows, let it loofe, when inftead of flying to the windows as the other had done, it hopped from my hand to the ground, where it lay ftruggling on its back for fome time, but recovering its feet made feveral attempts to fly, going about a foot at a time, but always fell on its back; neither did it in any of its efforts make toward the light, taking no more notice of the windows than any other part of the room: and to be fhort, acted in every refpect as totally void of fight. I tried the ex-periment on feveral more of them, but their actions were fimilar to the firft: by which I was con-vinced that the ftemata were organs of vifion, and that the mufca particularly hath no parts by which they can difcover an object but by them. I cannot call them therefore by any other term than eyes; and they are not only fo in this genus, but I will venture to affirm them to be fuch in whatever infect they may be found, for reafons I fhall give in another place. The aforementioned parts which appear like cheeks, I have in the courfe of this work termed the larger eyes, becaufe in fome infects which have not the ftemata, providence may have adapted them for fuch purpofes, and as there is no other term hitherto given, I hope the impropriety will be excufed. In moft fpecies of the Mufca the male is diftinguifhed by the larger eyes meeting together on the top of the head, but in

others

others these parts both in male and female are separated by the frontlet ; in this case the sexes are distinguished by the anus, that of the female ending in a sharp point, and the males being blunt or obtuse.

Une aile du premier Ordre, avec ses tendons, soigneusement figurée.

CHARACTERES GENERAUX.

L' abdomen est divisé en quatre anneaux, exclusif de l'anus. Le bord inferieur de l'aile n'est point marginé. La langue est charnuë avec deux levres a son extremité formèes pour sucer les liquides. Il a les stemmata ou trois petits yeux sur le haut de la tete, qui sont les seuls organes de vue cet insecte jouit.

Il a etè une opinion generalement recue et soutenue par des bons anteurs que les deux parties hemispheriques placèes sur chaque côté de la tete etoient les yeux du musca. . Quelconque est leur emploi dans d'autres genres elles ne sont employées dans cet office, par les mouches, autrefois j'avois plusieurs doutes sur cette circonstance tant pour la grandeur de ces parties que pour leur apparence languide et foible avec plusieurs autres objections, qui ne valent mentionner. Determiné a me satisfaire de la verité jay attrapé une mouche carnassiére des plus grandes qui s'appellent vulgairement, blue bottles, et avec une substance opaque composée de ceruse ou blanc de plomb et de l'eau gommée jay soigneusement couvert entierement ces parties hemispheriques. Alors prenant l'insecte, au coin de la chambre le plus eloigné des fenetres, je lai relache. Aussi tot qu'il etoit libre il vola directement aux fenetres, battant ses ailes avec force contre la vitre comme si il voudroit essayer a regagner sa liberte. J'aij donc commencé a craindre que je n'avois pas totalement ou effectivement couvert ces parties, ainsi je lai attrapé dereckef et examinant la tete soigneusement avec une loupe jay vu que javois suffisament couvert ces parties et au meme tems examinant soigneusement les stemata (les parties que javois devant soupçonne etre les yeux) et considerè leur situation, leur brillant ou eclat, et avec quel soin la nature les avoient protegé d'accidents, il m'toit naturel de conclure, q'uils etoient les yeux. Jai donc attrapé une autre mouche de la meme espece et ayant soigneusement couvert ses stemata je me suis retiré de la fenetre, et le relachant aulieu de voler aux fenetres comme l'autre mouche avoit fait il sauta de ma main sur la terre ou il resta sur son dos faisant des efforts pour quelque tems mais recouvrant ses piéds il tomba plusieures fois de voler et vola environ un pied a la fois mais tomba pourtant toujours sur son dos, ni pendant touts les efforts q'uil sit tenta til de gagner la lumiere, ni prit il notice des fenetres plus que d'aucune autre partie de la chambre, et enfin il s'agita absolument de telle maniere, que si il etoit depourvu de vue. J'ai essayè l'experience sur plusieres autres mouches toujours avec le meme succes, par lesquelles experiences je suis convaincu que les stemata, sont les organes de vue et que les muscæ particulierement n'ont d'autres parties avec lesquelles ils peuvent reconnoitre ou decouvrir les objets. Je ne peus pour cette raison les appeller par aucun autre nom que les yeux, et il ne le sont ainsi seulement dans cet genre des insectes, mais j'ose assurer quils sont tels dans quelque insecte que ce soit, ou ils se trouvent; pour des raisons que je donnerai ailleurs. Les parties ci mentionnées qui paroissent comme des jouës jay dans cet ouvrage appellé les grands yeux, parceque en quelques insectes qui n'ont point les stemata la providence pourra les avoir appliqués a tel propos, et comme il n'y a dautre terme ci devant donné jespere que on m'excusera cette impropricté. Dans la plûpart des especes de muscæ le male est distingué par les grands yeux se rencontrant ensemble sur le haut de la tete, mais en d'autres ces parties, tant dans le male que la femelle, sont separeès par le petit front en cet cas les sexes sont distinguès par l'anus, cel de la femelle finissant dans une pointe aigue et le male l'ayant emoussé ou obtus.

GROSSA

GROSSA. *Fig.* 1. *Meafures twelve lines.*

THE *larger eyes* are of a rich chocolate. The *frontlet*, *fillets*, and *mouth*, are of a fine golden yellow colour. The *thorax*, *abdomen*, and *legs*, are black, the fhoulder part of the wings and the under part of the feet are likewife gold colour. The *abdomen* is greatly armed with very ftrong black briftles or thorns. The *male* hath the *larger eyes* apart. The palpi which join to the tongue or probofcis, are very confpicuous in this Mufca. *See Linn. Muf.* 75.

ROTUNDATA. *Fig* 2. *Meafures feven lines and an half.*

The *frontlet*, *fillets*, and *mouth*, are buff colour. The *thorax* is black and glofly, and befet with briftles. The *abdomen* is of a fine orange brown, thickly befet with ftrong briftles near the anu‹, having a broad unequal lift of black down the upper part. The wings are tinged with brown, but the fhoulder part is of a golden yellow. The *legs* are black ; but the bottoms of the feet yellow. The male hath the *larger eyes* apart. *See Linn. Mufca.* 76.

INVESTIGATOR. *Fig.* 3. *Meafures fix lines.*

The *larger eyes* are of a light b‑own, nearly orange. The *fillets* are white. The *frontlet* orange brown. The *thorax* is of a brownifh afh, ftriped with black lines. The *abdomen* is of a glofly brown, having a dark ftripe down the middle, and three white fhining fquarcifh fpots on each fide, two of which cannot be feen in the figure. The *femoral fcales* are white. The *male* hath the larger eyes apart. Taken in meadows in June.

RECCUMBO. *Fig.* 4. *Meafures fix lines.*

The *frontlet* is light brown. The *fillets* and mouth gold colour. The *thorax* is of a dark brown and glofly. The *efcutcheon* is light brown. The *abdomen* is of a light
orange

GROSSA. *fig.* 1. *Longueur douze lignes.*

LES *grands yeux* font couleur de chocolat rougeatre. Le petit front, les bandeaux et la *bouche*, dune belle couleur de jaune d'or. Le *corcelet*, *l' abdomen* et les pieds noirs. L' epaule des ailes, et le deffous des pieds font pareillement couleur jaune d'or. *L'abdomen* eft fortement armé avec des foies ou des, epines noires et fortes. Le *male* a les grands yeux diftants. Les antennules qui joignent a la langue ou la trompe, font fort vifibles dans cette mouche. *Voyez Linné, Muf.* 75.

ROTUNDATA. *Fig.* 2. *Longeur fept lignes et demi.*

Le petit front les bandeaux et la *bouche* font de couleur jaunatre. Le *corcelet* eft noir luftre et garni des foies. L' *abdomen*, d'une belle couleur d' orange brune epaifliffement garnide foies fortes près de l' anus avec une bande large et inegale noire, le long de la partie fuperieure. Les *ailes* teintes de brun, mais les epaules font de couleur jaunatre d'or. Les *pieds* noirs, mais leur deffous jaune. Le *male* a les grands yeux diftants. *Voyez Linné Mufca* 76.

INVESTIGATOR. *Fig.* 3. *Longeur fix lignes.*

Les *grands yeux* font brun clair prefque orange. Les bandeaux blancs. Le petit front orange brun. Le *corcelet* d'une couleur brunatre cendrée rayée des lignes noires. L' *abdomen* eft brun luftré, avec une bande couleur foncée le long du milieu, et trois petites taches blanches brilliants et quarrées de chaque côté deux desquelles ne peuvent etre montrées dans la figure. Les *ecailles femorales* font blanches. Le *male* a les grands yeux diftants. Pris dans une prairie en Juin.

RECCUMBO. *Fig.* 4. *Longeur fix lignes.*

Le petit front brun clair. Les bandeaux, et la bouche couleur d'or. Le *corcelet* brun foncé et luftré. L' *ecuffon* brun clair. L' *abdomen* d'une couleur brune orange et luftrée

orange brown, and gloſſy, having a black liſt down the upper part. On each ſide the anus, is a bright glaring ſpot of a gold colour. The ſhoulder part of the wings, is of a gold colour. The *legs* are brown. The male hath the larger eyes apart. They are found in woods, in June.

luſtrèe, avec une bande noire le long du deſ-ſus. De chaque côté de l' anus il y a une tache eclatante, d'une couleur d'or. L' e-paule des ailes eſt couleur d'or. Les pieds ſont bruns. Le male a les grand yeux diſtants. Elles ſe trouvent dans les bois en Juin.

RESTITUO. *Fig. 5. Meaſures three lines.*
The *frontlet* is black. The *fillets* are of a ſilver grey. The *thorax* is aſh-colour, hav-ing a number of black lines on the upper part. The *abdomen* is grey, having two di-agonal black marks on every anulus which lean toward each other. The *legs* are black. This deſcription is taken from the female. The *male* which is figured in the plate hath the *larger eyes* joined together. The *thorax* is black. The *abdomen* is of an orange brown, having a black line down the upper part, and a whitiſh glare on each ſide on every anulus. They appear very early in the ſpring, and ſeem fond of ſitting and playing on the tops of poſts, &c. by road ſides in the ſun-ſhine, where ten or twelve may frequently be ſeen within the compaſs of an inch ſquare, as if a private committee were met together on buſineſs, when ſuddenly three or four will ſtart away into the air, but returning quickly again will replace themſelves on, or ſo near, where they were before, that it cannot eaſily be told which they were that made the ex-curſion.

RESTITUO. *Fig. 5. Longuer trois lignes.*
Le petit front noir. Les bandeaux cou-leur griſe argenteè. Le *corcelet* couleur de cen-dre, avec un nombre de lignes noires en deſ-ſus. L'*abdomen* gris avec deux marques noires diagonales ſur chaque anneau qui penchent l'une vers l'autre. Les pieds noirs. Cette deſcription eſt faite d'une femelle. Le *male* qui eſt depeint dans la planche à les grands yeux joints enſemble. Le *corcelet* noir. L'ab-domen orange brun, avec une ligne noire le long du deſſus et un luſtré blanchatre de chaque cote ſur touts les anneaux. Elles paroiſ-ſent au commencement du printems et aiment de ſe fixer et ſe divertir ſur le ſommet des poteaux, &c. aux cotes des grands che-mins en la clarté du ſoleil, ou frequem-ment on peut voir dix ou douze de ces mouches dans l'eſpace d'un pouce quarré, comme une campagnie ſelecte, quand ſoudai-nement trois ou quatre s'envoleront mais retournant bientot derechef elles ſe fixeront ſi près ou bien exactement au même endroit quelles etoient, quil eſt difficile de reconnoitre celles qui ont vole, d'entre les autres.,

CERINUS. *Fig. 6. Meaſures three lines.*
The *larger eyes* are red. The *frontlet* is brown. The mouth is white. The *fillets* are gold colour. The *antennæ* are black and ex-tend ſome diſtance from the head. The *tho-rax* is black, but towards the ſhoulders of an orange colour. The *eſcutcheon* is alſo black. The *abdomen* is of the colour of yellow wax and gloſſy, in ſhape almoſt round, and hang-ing down as if weighty; on the back or upper part of the thorax are four round black

CERINUS. *Fig. 6. Longueur trois lignes.*
Les grands yeux rouge. Le petit front brun. La bouche blanche. Les bandeaux couleur d'or. Les *antennes* noires et s'atendent au de la tete. Le corcelet noir mais vers les epaules couleur d'orange. L' *ecuſſon* eſt auſſi noir. L' *abdomen* couleur de cire jaune et luſtré, preſque rond et pendant comme ſi il etoit peſant. Le long du dos ou la partie ſuperieure du corce-let ſont quatre tachés rondes et noire ſdans une rangée. Les pieds noirs. Les *ailes* un peu

Tab. IX
MUSCÆ. Ord I

black spots in a line. The *legs* are black.
The *wings* are a little smoaky, as I term it.
The shoulder part being tinged with gold
colour. They are found in the month of
May. The male hath no orange colour on
the *thorax*, and the *larger eyes* are placed close
together.

ATRATUS. *Fig. 7. Measures three lines.*
The *fillets* are black and glossy. The thorax and *abdomen* the same. The *wings* are
tinged with brown. The *femoral scales* buff
colour, and the legs black.

OBSIDIANUS. *Fig. 8. Measures four lines
and an half.*
The *frontlet* is black. The *fillets* shine
with silver grey, and which with the frontlet
extend or swell out some way from the head.
The *thorax* and *abdomen* are of an exceed-
ing fine black highly polished and armed
with long bristle like hairs. The *wings* are
brown, but near the shoulder part of a fine
gold colour. This is a female, the male
I have not yet seen.

MERIDIANA. *Fig. 9. Measures near seven lines.*

The *frontlet* is black. The *fillets* are
broad and appear like gold, but on the top
of the head, dark brown. The *thorax* and
abdomen are of a fine black and glossy,
thick set with fine short hair. The *legs*
are also black. The *wings* near the shoulder
part are of a gold colour. The male hath
the larger eyes close together. They are
fond of settling against the bodies of trees in
woods early in the spring, and all the sum-
mer. *See Linn. Muf.* 63.

REPENS. *Fig. 10. Measures Seven lines.*
The *frontlet* is black. The *fillets* of a
dirty buff, but near the mouth white. The
thorax is of a light dirty, or greyish brown,
having

peu obscurcies ou fumées comme je m'ex-
prime. L'epaule teinte de couleur d'or.
Ces mouches se trouvent en May. Le *male*
n'a point de couleur d' orange sur le *corcelet*
et les *grands yeux* sont places tout près ensemble.

ATRATUS. *Fig. 7. Longeur trois lignes.*
Les bandeaux noirs et lustrès. Le *corcelet* et l'*addomen* de même. Les *ailes* sont
teintes de brun. Les *ecailles femorales* de couleur jaunatre, et les pieds noirs.

OBSIDIANUS. *Fig. 8. Longeur quatre lignes
et demi.*
Le petit front noir. Les bandeaux ecla-
tent d'une couleur grise argentée, comme
aussi le petit front, s'etendant ou se gon-
flant. Un peu au dela de la tête. Le *corcelet* et l'*abdomen* sont d'une belle couleur
noire luisante et armés de soies longues comme des poils. Les ailes sont brunes mais
près de l'epaule d'une belle couleur d'or.
Cette mouche etoit une femelle, le male je
nai pas encore vu.

MERIDIANA. *Fig. 9. Longeur près de sept
lignes.*
Le petit front noir. Les bandeaux larges et
paroissent comme de l'or, mais sur le sommet
de la tete ils sont brun foncé. Le *corcelet* et l'
abdomen beau noir et lustré, epaississement gar-
nis de poils fins et courts. Les *pieds* sont aussi
noirs. Les ailes près de l'epaule sont couleur d'or. Le male a les grands yeux joints
ensemble ou contigus. Ces mouches aiment
de se fixer aux troncs des arbres dans les bois
au commencement du printems et tout l'eté.
Voyez Linné Muf. 63

REPENS. *Fig. 10. Longueur sept lignes.*
Le petit front noir. Les bandeaux sale
jaunatre mais près de la bouche blanc. Le
corcelet d'une couleur brune sale ou grisatre
avec

L

having four dark or blackish strokes down the upper part. The *escutcheon* is of a red-ish brown. The *abdomen*, which is set with hairs is of a light clay colour, each a-nulus having a broad edging of black which is glossy. Down the upper part from the escutcheon to the anus is a tender black list or line. The *legs* are of a dirty black. This description was taken from a male, which bath the larger eyes apart.

CONSPERSUS. *Fig.* 11. *Measures six lines.*
The *larger eyes* are of a fine red. The *frontlet* and *fillets* are brown. The parts near the mouth are cream colour. The *thorax* is of a lightish brown, having a number of broken lines thereon of a deep black colour and dull. The *abdomen* appears of a light brownish ash colour, beautifully mottled and clouded on the upper part with deep brown. The *wings* are clear and the *tendons* conspi-cuous, particularly a short one in the middle of the wing, which appears like a black speck. This is a female, and the larger eyes are parted by the fillets. Taken in May.

avec quatre lignes foncées ou noiratres le long de la partie superieure. *L'ecuſſon* brun rougeatre. *L'abdomen* qui eſt garni de poils eſt dune couleur brunatre claire. Chaque anneau a un bord large qui eſt luſtré. Le long de la partie ſuperieure des l'ecuſſon juſques a l'anus il y a une ligne tendre et noire. *Les pieds* ſont noir *ſale.* Cette de-ſription fut priſe d'un male qui a les grands yeux diſtants.

CONSPERSUS. *Fig.* 11. *Longeur ſix lignes.*
Les *grands yeux* ſont d'une belle couleur rouge. Le petit front et les bandeaux bruns. Les parties prés de la bouche couleur de creme. Le *corcelet* brun clair avec un nom-bre de lignes interrompues d'une couleur noire chargée. *L'abdomen* eſt cendre bruna-tre clair bellement marquete et nuagé ſur la partie ſuperieure d'une couleur brune foncée. Les *niles* ſont claires ou tranſparentes et les tendons ſont fort viſibles, particuliement un au milieu de l'aile qui eſt court, et qui paroit comme un petit point noir. Cette mouche etoit une femelle, et les grands yeux ſont partages par les bandeaux.

T A B. X.

T A B. X.

M U S C Æ, ORDER II.

A wing of the second Order, with its Tendons, carefully delineated.

GENERICAL CHARACTERS.

The larger eyes hath not the fillets as seen by the Fig. a. *and* b. *which distinguishes the male from the female, by the larger eyes of the male being close together, as at* b. *On each wing are two dark clouds-like spots.*

Une aile du second Ordre, avec ses Tendons, soigneusement figureè.

CHARACTERES. GENERAUX

Les grands yeux n'ont point les bandeaux comme il paroit par les figures a. *et* b. *qui distingue le male de la femelle, par les grands yeux du male etant tout contigus l'un a l'autre, comme dans la figure* b. *sur chaque aile ils ont deux taches obscures comme des nuages.*

MYSTACEA. *Fig.* 1. *Measures nearly nine lines.*
THE *nose* and *frontlet* are coverd with yellow hair. The *thorax* is also covered with yellow hair, except a part on the top, which is black and glossy. The *abdomen* is also coverd with the same yellow hair, having a black bar crossing the middle from side to side. The underside is intirely black. *See Linn. Muf.* 26.

MYSTACEA. *Fig.* 1. *Longeur près de neuf lignes.*
LE nez et le petit front font couverts de poils jaunes. Le *corcelet* est aussi couvert de poil jaune excepté une partie fur le sommet qui est noire et lustrée. L'abdomen est aussi couvert de poil jaune avec une barre noire qui traverse le milieu de côte a cote. Le dessous est totalement noir. *Voyez Linné. Muf.* 26.

FERA. *Fig.* 2. *Measures nearly nine lines.*
The *frontlet* is of a yellow brown. The *thorax* is black on the top, and of an equal polish, but brown on the sides. The *escutcheon* is brown and glossy in the female, but black in the male. The *abdomen* appears divided into two parts, that towards the anus is black and of an equal polish. The other near the escutcheon is transparent and hollow, like a bladder, and of the same horn like colour, consisting of one anulus, which is divided by a neat line down the middle. The tendons of the wings are very strong and brown. They are taken in July in woody places. *See Linn. Muf.*

FERA. *Fig.* 2. *Longeur près de neuf lignes.*
Le petit front est jaune brun. Le *corcelet* noir au sommet et lustres mais brun sur les côtes. L'ecuffon brun et lustrè dans le femelle, mais noir dans le male. L'abdomen paroit divisé en deux parties, celle vers l'anus est noire et lustrée, l'autre près de l'ecuffon est transparente et vuide comme une veffie et de la meme couleur, elle est compofée d'un anneau qui est divise par une ligne fine le long du milieu. Les tendons des ailes font tres forts et bruns. Cette mouche est prife en Juillet dans les lieux pleins de bois. *Voyez Linné. Muf.* 74.

BOMBYLANS. *Fig.* 3. *Measures nearly nine lines.*
The *frontlet* is thickly set with yellow hair, as is the nose or beak. The *thorax* is black, glossy and thinly set with black hair. The *escutcheon* is olive. The *abdomen* is also black and glossy, thinly set with black hair, except the part toward the anus which is covered with hair of a blood red. The *legs* are dark brown. They are taken in July. *See Linn. Muf.*

ANNULATUS. *Fig.* 4. *Measures nine lines.*
The *frontlet* and mouth are a deep yellow. The *thorax* and *escutcheon* are of a fine brown. The *abdomen* is of a fine yellow, having two black lines or bars laying across, which divides the abdomen into three equal parts, a small line also reaches from the scutulum to the first bar. The *anus* of the male is black. These muscae are fond of settling on the flowers of elecampane, in the months of July and August.

BOMBYLANS. *Fig.* 3. *Longeur prés de neuf lignes.*
Le petit front est epaississement garni de poil jaune comme aussi le nez ou le bec. Le *corcelet* est noir lustré et garni, mais legerement, de poil noir. *L'ecusson* est couleur d'olive. L'abdomen est noir lustré et garni mais legerement de poil noir, excepté la partievers l'anus qui est couvert de poil couleur de sang, les pieds sont brun foncé. Elles sont prises en Juillet. *Voyez Linné. Muf.* 25.

ANNULATUS. *Fig.* 4. *Longeur neuf lignes.*
Le petit *front* et la bouche sont jaune foncé. Le *corcelet* et *l'ecusson* d'une belle couleur brune. L'abdomen jaune avec deux lignes ou barres noires qui le traverse et le divise en trois parties egales. Une petite lignes s'etend aussi du scutulum a la premiere barre. L'anus du male est noir. Ces mouches aiment de se fixer sur les fleurs du Enula campana, dans les mois de Juillet et Aouft.

DECADE II.

Tab. X

MUSCÆ. Ord II

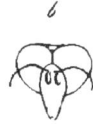

MUSCÆ. Ord III

www.ingramcontent.com/pod-product-compliance
Lightning Source LLC
Chambersburg PA
CBHW022005190326
41519CB00010B/1395